U0032352

近郊蝴蝶

文・攝影⊙徐堉峰

愛蝶人徐堉峰邀您與身邊的蝴蝶共舞

目錄

CONTENTS

愛蝶人的小故事

　　許多認識我的朋友都曉得我是個蝶痴，可是，我卻是個在台北都會長大的孩子，與蝴蝶的邂逅可以追溯到我小學三年級時。

　　當時，我已經對動植物產生了不小的興趣，這主要和我有位在小學教自然科的姑姑有關。猶記得最初我是在小學一年級時喜歡上貝殼，愛牠們的多采多姿的造形及花紋。只是由於家住台北市市區，以民國六、七○年代的經濟水準，家裡難得有機會能去海邊玩耍，而那個年代國內的自然觀察風氣未開，學校圖書館的資料很少，兩三年下來，我收集到的貝殼和知道的相關知識都少得可憐。有一天，我那位教自然科的姑姑看不下去了，於是對我說：「世界上種類最繁多的生物是昆蟲，你看蝴蝶不也很有趣嗎？昆蟲到處都有，就算在你家附近都能夠作許多觀察呵！」一語驚醒夢中人，從此我便開始注意昆蟲。而與蝴蝶結上不解之緣，就在那之後不久。

　　有一次，父母服務的公家單位舉辦了「自強活動」，去的地方是台北近郊的一處小山，具體到底是哪一座小山已經完全沒有印象了，深印腦海的則是在那回郊遊的山路旁不意間發現了一枚金光四射的小東西，懸掛在一片乾樹葉下。當我把那個小東西拿在手上把玩時，竟然見到自己的臉龐映在上面，只是那枚東西圓滾滾的，使得臉龐變形，彷彿一個小哈哈鏡。我興奮地把那枚怪東西帶回家，立即撥電話給姑姑，姑姑不厭其煩地聽我形容這項發現，然後便答應要去幫我查那是什麼東西。她慎重地把我這個厚臉皮的小鬼的無理請求當一回事，真的去請教當時國內最有名的蝴蝶專家陳維壽先生。不久後，我便得到了答案：「那是一枚紫斑蝶的蛹！」就在那一刻我中了魔法，整天就想著能不能再看見其他的蝴蝶蛹。

　　不久後，我隨著家人回老家苗栗過年，老家的許多親戚在院子裡種著蔬菜，對蝴蝶生態沒什麼瞭解的我，憑著一點好運，在一堵院子邊的牆上見到了一個灰噗噗、造型奇特的東西，心底盼望著牠也是枚蝴蝶蛹，結果心想事成，牠真的羽化成一隻優雅的白粉蝶。從那之後，我便完全被奇妙的蝴蝶世界征服了，一心一意想成為一名研究蝴蝶的愛蝶人。現在的我，幸運地有一份能讓我繼續作夢的工作。然而從打定主意以研究蝴蝶為職志，一直到大學時代進研究室幫忙執行研究計劃而得以造訪名山大澤之前的十多年之間，我主要觀察蝴蝶的場所不外是離家不遠

的公園、校園、荒地、小山丘等都市內及近郊地區，這些地方其實處處有蝴蝶的形跡，只要用心留意觀察，每個人都能時常擁有驚喜的發現與陶醉。

日前承「聯經」黃惠鈴小姐熱情邀約，希望我能寫一本有關蝴蝶的科普小書，內容則希望以都市及近郊容易接近、觀察的種類為主。想了一下，覺得讓我鍾情一世的蝴蝶的背後有許多有趣的小故事，何妨藉這個機會來和所有喜愛蝴蝶的朋友分享？因此便答應了下來。

寫這樣一本小書有幾個主要的難題，一是限於篇幅，內容不可能包括台灣地區近郊所有見得到的蝴蝶種類，地處亞熱帶的台灣寶島，蝴蝶種類繁多，光是台北都會及近郊可以發現的種類便輕易能超過一百種，而中南部又有許多北部沒有的種類，要把這些種類全部放進去，便不是短短幾個月能完成的任務。因此種類的取捨成了第一項難題。如果讀者諸君覺得有些都市及近郊可以見到的種類本書沒有提及，請別見怪，因為那便是本書的「遺珠」了，而因為篇幅的限制，這些「遺珠」數目可著實不少。

第二項難題是在章節的分配，基於本書主題的需要，書的內容是依人們生活環境來區分章節的，可是自由來去的蝴蝶並不會受這樣的人為劃分的限制，人類經營的都市的確因為環境條件受到人們改造，使得能在都市內生活的種類有限，而都市內的特殊條件有時候可以使一些在野外少見的種類在都市內的特定環境變得數量很多。然而，一般而言能生活在都市內的蝴蝶，多半也能棲息在郊區，而都市內許多不同的場所對蝴蝶的生存需求來說，差異並不是那麼大，因此往往在某一特定的場所出現的種類，在另一類場所也見得到，這便造成了章節分配上的難題。配合分章節的需要，我仍然主觀地選取一些種類放在特定的章節之中，但請讀者諸君注意，其實每一章節中的種類都有可能在其他章節的環境見到，只是數量多寡或有出入罷了。

本書的作成，除了首要感謝「聯經」黃惠鈴小姐的辛勤構思之外，國立台灣師範大學生命科學系楊瀅涓同學以其令人擊節的天賦繪製的手繪圖令本書增色不少，另外，陳建仁同學也在成稿上幫了不少忙。特於此處致上我十二萬分的謝意。

徐堉峰

二○○四年元月二日于台北景美仙跡巖下

簡介蝴蝶

　　蝴蝶以其優美的形姿，自古以來便成為人們美學及精神生活的一部分，古人的詩歌、字畫中不乏他們的存在。梁祝的傳說更替蝴蝶在東方文學上添加了淒美與感性的色彩。正因為如此，當人們為生活周圍討人厭的蒼蠅、蚊子、蟑螂等昆蟲著惱不已時，見到了蝴蝶這類昆蟲不但沒有嫌惡感，反而覺得心曠神怡。然而，蝴蝶和牠們的親戚蛾類卻早在我們的老祖宗出現之前，就已經在地球的大地上欣欣向榮了。

　　在分類上，蝴蝶與蛾類同屬於鱗翅目，是世界上最繁盛的動物類群——昆蟲綱中十分晚近才出現在地球上的生物。許多證據顯示與鱗翅目關係最近的昆蟲是毛翅目，也就是釣客們用來充作魚餌之一的石蠶。牠們共同祖先的幼蟲可能是生活在長滿苔蘚類植物的溼泥之中，鱗翅目上了陸地，毛翅目則進了水中。最早的鱗翅目化石出現在中生代侏儸紀，也就是恐龍興盛的時

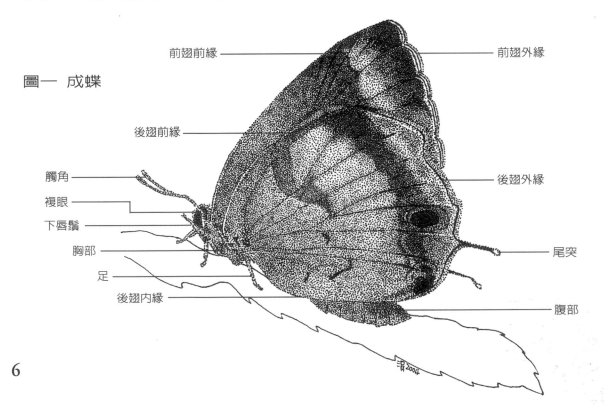

圖一　成蝶

前翅前緣　　前翅外緣

後翅前緣

觸角
複眼
下唇鬚
胸部
足
後翅內緣

後翅外緣

尾突

腹部

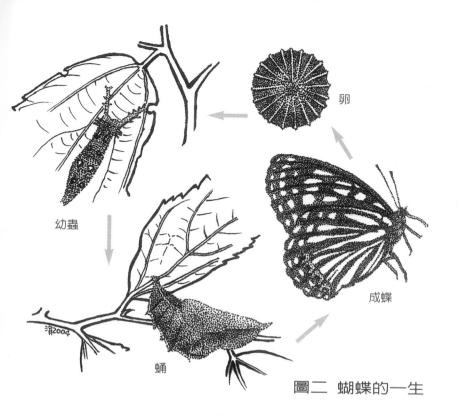

卵

幼蟲

成蝶

蛹

圖二　蝴蝶的一生

代，而鱗翅目的興旺可能和顯花植物（開花植物）在白堊紀大放異彩有關。體制上比較原始的現生種鱗翅類仍然有些種類的口器擁有大顎的殘留，並且仍然有功能。

蝴蝶及大多數蛾類的成蟲口器，由於適應吸食液態食物，口器的許多部分已經消失，只有下唇鬚及小顎外葉仍然明顯可見，小顎外葉特化成一對可以互相嵌合的結構，並且延長而且有彈性，在不使用時蜷曲收縮，取食時才伸出。頭部具一對大而明顯的複眼以及一對細長，通常呈棒狀的觸角。雖然蝴蝶像其他所有的昆蟲一樣有三對足，然而牠們之中的挾蝶類的前足卻特化而收縮，因此看起來像是只有四隻足。蝴蝶具有兩對翅，分別稱為前翅及後翅，翅表通常覆滿鱗片，蝴蝶美麗的色彩便是由這些鱗片賦與的。翅的色彩可以分為兩類，一類是由鱗片上的色素的化學成分產生的色彩，稱為化學色或色素色，另一類是由鱗片的構造使光線產生干涉、繞射等物理作用而產生的金屬光澤及螢光，稱為物理色或構造色。有些蝴蝶的後翅有突出的部分，稱為尾突（圖一）。

蝴蝶是完全變態昆蟲，也就是說，蝴蝶的一生包括卵、幼蟲、蛹及成蝶四個階段（圖二）。成蝶行自由生活，所攝食的食物會依種類及性別而有差異。許多種類會吸食花蜜，因此可以替植物傳粉，有些種類則偏好取食腐果、樹液，更有些種類以糞汁、死屍、蚜蟲及介殼蟲的分泌物，甚至動物的汗液、血液為食。許多蝴蝶的雄蝶會到濕地吸水，為的是吸取水中含有的礦物

質，所吸取的礦物質能伴同精子被放在保護精子的精莢內，然後作為聘禮在交配時送給雌蝶。因為含有礦物質的水通常是在溪邊、河邊等空曠而天敵很多的場所，所以演化讓雄蝶去冒這個險來取得礦物質營養。雌蝶由於負有孕育下一代的重任，因此食物主要是用來供卵細胞發育所需的醣類、蛋白質等營養，因此很少有吸水的情形，交配後的雌蝶會將來自雄蝶的精莢暫時貯存在體內一個稱為受精囊的構造中，等產卵時卵粒排出的那一刻才完成受精。產卵多半直接產在寄主植物上，部位依種類而異，但也有產在寄主植物以外的其他場所的，甚至有直接空投的。依種類不同，有的蝶卵是散產而一粒粒單獨產下，有的則是聚產的，數卵作一小群，甚或一大塊產下。卵的表面有一層具保護作用的外殼，上面有一處微小開口讓精子進入，稱為精孔（圖三）。卵孵化時幼蟲以咀嚼式口器咬破卵殼出來，有些種類孵化後的幼蟲（圖四）會將卵殼吃掉，這種行為可能有營養補充的意義。初孵化的幼蟲被稱為一齡幼蟲或初齡幼蟲，隨著成長會不斷蛻皮，有些種類會把蛻下的皮吃掉，每蛻一次皮即增加一齡，齡數少的有四齡，多的可以多達十二齡。幼蟲的食物多半是植物的葉片、花或果實，但是灰蝶科中有捕食蚜蟲、介殼蟲等

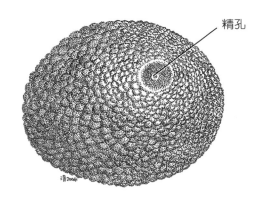

圖三 卵

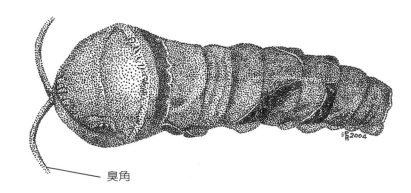

圖四 幼蟲

同翅目昆蟲的，也有許多與螞蟻共生，以蜜露供給螞蟻，同時接受螞蟻提供的保護，這其中有些種類接受螞蟻餵食，有些則會吃螞蟻的幼蟲及蛹。成熟的幼蟲隨即化蛹，蛹有兩種基本形式，一種在尾端有稱為垂懸器的構造，藉以利用絲附著在物體上，同時有一條絲線繞過胸、腹勒住身體，絲線兩端連在附著的物體上，這類型的蛹被稱為縊蛹（圖五）。另一種類型則只利用尾端的垂懸器，以絲連繫而倒吊在物體下面，被稱為懸蛹（圖六）。蛹的造型、色彩變化多端，一般而言，附著在枝葉上的蛹以綠色為主，而在樹幹、落葉下、地上、石壁上等場所的蛹則是褐色的，但是也有少數例外。另外有些具有警戒色的蝶蛹會具有鮮艷而誇張的色彩。幼蟲時代的細胞在蛹體內崩解，提供養分讓成蝶的細胞生長，這段期間蛹很少活動，只有腹部能作小幅度運動，有些種類可以在腹部運動時摩擦發音。成蝶細胞發育完成後，成蝶即推開蛹殼羽化，剛羽化的成蝶翅縐成一團，牠會爬到合適的場所，將體內的血淋巴沿翅脈血淋巴管注入，將翅撐開，並藉由重力的作用使翅伸直。等翅伸直後一段時間才變硬，然後成蝶便展翅飛翔，開始牠多采多姿的生活。

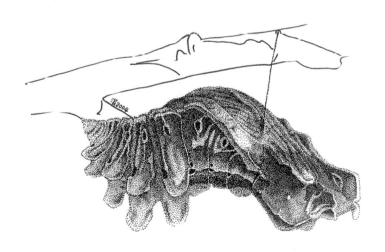

圖五　縊蛹

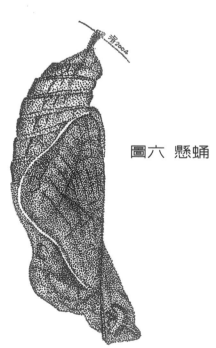

圖六　懸蛹

1
居家花園·陽台

住在亞熱帶台灣的人們，總愛在
院子裡種上了五顏六色的花卉
及綠意盎然的草木，就算
家住樓房的人，也常在陽台上
種上一些盆栽來增加生活情調。
在人們常用的造景植物
及盆栽當中，有不少受歡迎的種類
是很好的蝴蝶寄主植物或蜜源植物，因此
種了這些植物的人們，生活中
除了蒔花弄草的閒適之外，還多了
賞蝶看蟲之樂。
列在這兒的幾種蝴蝶
便是經常出沒在居家環境的種類。

花鳳蝶

Papilio demoleus

花鳳蝶可以說是都市住宅周圍常見的蝴蝶之中的明星。牠似乎對都市汙濁的空氣毫不在意，而且生性偏好棲息在較為明亮的環境，因此生硬冰冷的都市叢林反而成為牠的天堂。其實，在都市裡見到花鳳蝶的機會，常要比在郊外還來得容易得多呢！另外，花鳳蝶飛起來活潑敏捷，搜尋寄主植物的本領高強，即便只是在院子或陽台種上一小盆它的寄主植物，花鳳蝶的雌蝶便會聞香前來產卵。第一次仔細欣賞花鳳蝶的人，很難不因牠翅膀上燦爛鮮明的花紋而衷心讚嘆。由於牠在後翅沒有許多鳳蝶所擁有的，俗稱「鳳尾」的尾狀突起，所以又常被稱為「無尾鳳蝶」。

成蟲特徵：翅背面底色呈黑褐色，上面綴有大小不一的黃色斑紋，後翅前側有一枚黑圓斑，其內有紫色弧形紋，接近肛角處有一個血紅的橢圓形斑，其內側冠有藍紫色紋。翅腹面與背面相反，黃色部分多而黑色部份少，而且多了許多亮麗的橙色及藍色斑紋。

產在葉上的卵渾圓而呈球形。

花鳳蝶的小幼蟲乍看之下很像鳥糞。

初羽化，展翅
待飛的花鳳蝶。

幼期特徵：卵為球形、黃色，單獨產在寄主植物的新芽上。幼蟲期共有五個齡期，一至四齡為裝成鳥糞狀，終齡蟲則呈黃綠色或綠色，而且有假眼及可由頭胸部之間伸出來發出刺鼻臭味的「臭角」。蛹為縊蛹，依附著場所不同可以分為綠色及褐色兩型。

與近似種的區別：在台灣沒有成蟲色彩斑紋相近的種類，很容易辨認。幼蟲最明顯的特徵是腹足呈褐色，而其他幼蟲形態近似的種類的腹足都近於白色。另外，花鳳蝶的小幼蟲腹部末端有一對左右分離的白紋。終齡幼蟲腹部的斑紋呈黑色或褐色，上面綴有一些大小不一的紫色亮紋，而牠的臭角基部呈黃色、末端呈橙紅色，十分醒目。

13

花鳳蝶終齡幼蟲，腹部的暗色斑的特徵及褐色的腹足使牠很容易分辨。

花鳳蝶的終齡幼蟲受到驚嚇時翻出的臭角會泌出刺鼻的氣味以驅走敵害。

柚子樹是花鳳蝶的寄主植物之一。

花鳳蝶的蛹體修長直挺。

寄主植物：芸香科植物，園藝植栽中常見的金桔及民居院落常種植的佛手、檸檬、柚子、柳橙都是良好的寄主。郊外常用的寄主色括分布在南部的過山香及烏柑仔等。

生態習性：成蟲喜歡訪花，通常在光線充足的場所活動。幼蟲生活在葉表，以葉片為食，幼蟲成熟後，有些會離開寄主到其他物體如牆壁、樹幹、籬笆等處化蛹，有些則留在寄主的枝條上成葉片下化蛹。

玉帶鳳蝶
Papilio polytes

玉帶鳳蝶是一種飛翔姿態優雅曼妙，對環境要求不嚴的蝴蝶，因此在台灣只要冬天不太冷的地區都可以見到牠，這些也包括我們的庭院、花圃。有一個有關玉帶鳳蝶的有趣傳說，那便是有人說梁山伯與祝英台殉情之後，幻化而成的蝴蝶就是玉帶鳳蝶。姑且不論這種說法的確實起源為何，會產生這種浪漫的想像其實並不奇怪，因為梁祝的愛情傳奇起源自江南地區，而玉帶鳳蝶原本就是江南地區很常見的一種美麗蝴蝶，而且玉帶鳳蝶的舞姿又比其他的鳳蝶來得輕盈優美，很有可能古人便運用他們的豐富想像力，把牠當成了梁祝的化身。別看玉帶鳳蝶那樣楚楚可憐，牠的生命力可是十分強韌。在國外的關島，據說因為牠的到來把原先在當地很常見的柑橘鳳蝶在短短幾十年間逼得滅絕了呢！

玉帶鳳蝶的小幼蟲體色很暗，腹部末端的白紋連成一片。

成蟲特徵：翅的背、腹面底色都呈黑褐色，雄蝶及一部分雌蝶在後翅中央有一列黃白色小斑構成的白帶，後翅有一明顯的尾突。有一部分雌蝶色彩花紋均類似取食有毒植物馬兜鈴的紅珠鳳蝶，被認為是一種擬態現象。這種花紋是藉由遺傳控制的，可以作為玉帶鳳蝶躲避天敵的一項額外手段。

玉帶鳳蝶的卵。

吸水中的玉帶鳳蝶雄蝶。後翅的白
黃色斑列是牠的名字「玉帶」的由
來。

17

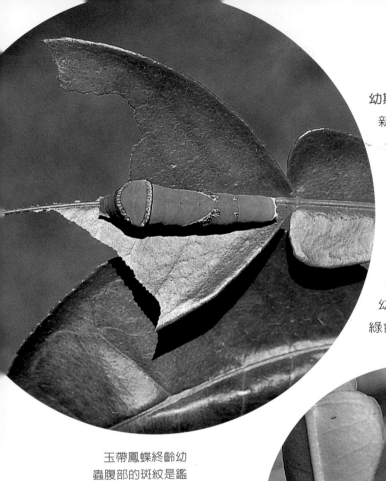

幼期特徵：卵呈黃色，球形，通常產在寄主植物新芽上。幼蟲共有五個齡期，一至四齡呈鳥糞狀，終齡幼蟲呈綠色，體上也有假眼及臭角。蛹為縊蛹，也依附著場所不同而有綠、褐兩型。

與近似種的區別：只有紅珠鳳蝶的斑紋和玉帶鳳蝶的紅斑型相似，但是玉帶蝶的身軀主要是黑色的，紅珠鳳蝶則主要是紅色的。鳥糞狀幼蟲的身體呈黑褐色，尾端的白斑左右相連。綠色終齡幼蟲腹部的褐色斑上最明顯的特性是上面有一些明亮的紫色小圓點，牠的臭角是均一的橙紅色。玉帶鳳蝶的蛹體粗短而寬闊，頭頂的一對角也很短。

玉帶鳳蝶終齡幼蟲腹部的斑紋是鑑定牠的主要特徵之一。

花鳳蝶的蛹體短而寬闊。

玉帶鳳蝶終齡幼蟲的臭角
是橙紅色的。

寄主植物：芸香科植物，和花鳳蝶一樣可以利用許多人為栽植的柑橘類，而在郊外可以利用的植物則種類比花鳳蝶還要多。

生態習性：成蟲喜愛訪花，對光線條件不太不挑剔。卵單獨產在寄主植物新芽、葉片上。幼蟲在葉表生活，取食葉片。幼蟲成熟後，可能在寄主植物上，也可能離開寄主化蛹。玉帶鳳蝶有時會繁殖過盛，造成集團移動的現象，往往在不久後成批死去，使蝶屍布滿街道，這種現象多半發生在屏東縣的恆春、墾丁等過山香生長繁茂的地方。

木蘭青鳳蝶
Graphium doson postianus

由於翅的背面有許多淡青色斑紋，所以木蘭青鳳蝶常被稱為「青斑鳳蝶」。顧名思義，木蘭青鳳蝶的寄主植物是木蘭科植物，而許多木蘭科植物是優良的園藝樹種，包括汽車駕駛人及運將們常掛在駕駛座前方用來提神，被叫作「香花」的白玉蘭。因為樹形優美，許多人愛把各種木蘭，像是前面提到的白木蘭或是相近的含笑花、南洋含笑花等栽植在院落或是門前，因此木蘭青鳳蝶便常造訪這些地方。其實木蘭青鳳蝶在郊外也有，只是數量通常不多，只有台北附近的烏來、福山一帶的溪谷中孕育了極大量的族群，在那兒牠們的雄蝶常會成千上萬地聚集在一起吸水，蔚為奇觀。

成蟲特徵：翅背面底色呈黑褐色，上面散布許多大不一的淡青色斑紋，偶爾有些個體的斑紋呈暗黃色。翅腹面斑紋泛銀白色，在後翅有一些紅色線紋，少數個體線紋呈橙色。

幼期特徵：卵為球形，黃白色。幼蟲起初身體顏色呈暗褐色，隨著成長而顏色漸漸變綠，到終齡時就變為綠色了，幼蟲的臭角呈黃色。蛹為縊蛹，牠的胸部背側有一根向前突出的匕首狀突起，從那兒有三條黃色稜線分別從兩側及背中央伸出，中央的那一條再二分，最後四條稜線都在尾端會合。木蘭青鳳蝶的蛹也依附著場所不同而有綠、褐色兩色。

與近似種的區別：在台灣地區沒有相似的種類。

寄主植物：木蘭科植物。受人歡迎的庭園樹種白玉蘭、含笑花、南洋含笑花都是良好的寄主植物，在郊外所利用的寄主植物主要是烏心石。

木蘭青鳳蝶的翅背面有許多明亮的淡青色斑紋,很容易辨認。

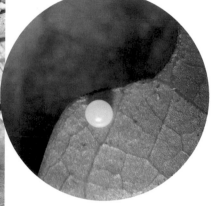

木蘭青鳳蝶的卵光亮潔白,有如珍珠。

21

生態習性：成蝶愛訪花，飛翔姿態十分輕快，雄蝶有很強的吸水習性。卵單獨產在新芽或葉背。幼蟲生活在葉表，以葉片為食。幼蟲成熟後會在寄主植物葉片上或附近的其他物體上化蛹。

在台北烏來地區的溪流邊，常能見到木蘭青鳳蝶的吸水集團。

蛹的色彩、形狀構成很好的保護作用。

幼蟲棲息在葉片的表面。

藍紋鋸眼蝶雖然屬於常稱為蛇目蝶的眼蝶類，但牠身上並沒有眼紋。

藍紋鋸眼蝶

Elymnias hypermnestra hainana

棕櫚科植物可以說是園藝上最常用的植物之一了，牠們不但造型優美，而且依種類不同，外觀也就適宜用在不同的庭園設計。有的宜於觀葉，像是蒲葵、黃椰子，有的莖幹整齊美觀，像是酒瓶椰子、棒棍椰子，有的則以整體樹形取勝，如觀音棕竹、海棗、羅比親王海棗等。這些棕櫚雖然多半是外來植物，不過牠們卻成為原來以生長在山區的山棕、省藤等原生棕櫚為寄主的藍紋鋸眼蝶絕佳的食物來源，使得這種在山林中並不特別常見的亞熱帶眼蝶成為都市及近郊風景區十分常見的蝴蝶。牠的環境適應力和黑星弄蝶

幾乎不相上下，就算是在人煙稠密的市中心也仍然見
得到牠的形跡，不過藍紋鋸眼蝶飛翔能力不像黑星弄
蝶那麼強，所以牠們比較容易在成列或密集栽植的棕
櫚附近發現，而很少出現在單獨栽植的盆栽棕櫚上。
由於翅面隱約泛著紫色，所以藍紋鋸眼蝶又被叫作
「紫蛇目蝶」。

藍紋鋸眼蝶的卵
呈鮮明的黃色。

蛹的身上有細緻
的紅色線紋。

成蟲特徵：中型蝴蝶。翅外形輪廓稍
呈波浪狀，在後翅有一小尾突。翅腹
面呈紅褐色，上有灰白色細紋，而且
在前翅靠近翅頂處有一塊三角形灰白
斑。翅背面底色是泛著靛色的黑褐
色，前翅外側有一列排成弧形的淺藍
色紋，雌蝶在後翅外緣也有一列淺色
紋，雄蝶則沒有，但是有一片紅褐色
帶。

幼期特徵：卵呈球形，表面凹凸不平，呈黃色。幼蟲身體後端有一對細長的突起，體呈淺綠色，上面有黃色線條。頭上有一對角，頭呈淺褐色，側面有黃紋。蛹是懸蛹，體呈淺綠色，上面有黃色及紅色線紋。

與近似種的區別：在台灣地區沒有相似的種類。

寄主植物：各種棕櫚科植物。

生態習性：成蝶飛翔姿態羸弱緩慢，多半出現在陰暗的場所，好吸食腐果。卵產在葉背。幼蟲也棲息在葉背，取食葉片並形成截斷狀的食痕。化蛹也在葉背。

幼蟲躲在棕櫚樹的葉背。

黑星弄蝶
Suastus gremius

家裡種有棕櫚科觀賞盆栽的人一定常常煩惱棕櫚葉片被蟲子咬得七零八落,不仔細看卻又找不到兇手。其實這多半是黑星弄蝶幼蟲幹的好事。這種弄蝶成蟲色彩黯淡,一點也不惹人注目,牠因為後翅腹面有幾枚黑色斑點而得「黑星」之名,由於對人為環境適應良好,加上亞熱帶的台灣大量種植的各種外來種棕櫚幾乎都是黑星弄蝶的良好寄主植物,使得黑星弄蝶在都市內比在郊外還要常見。大致上,在一般常見的園藝棕櫚之中,只有孔雀椰子類不受黑星弄蝶青睞。其實,牠的幼蟲雖然會吃棕櫚的葉片,稍微影響美觀,但是牠並不致於造成寄主植物枯死,而且牠具有很值得好好觀察的有趣形態及習性。牠的卵若用放大鏡或顯微觀察,看來就像是一個精緻的奶油草莓蛋糕。幼蟲的頭上則有著彷彿國劇臉譜的花紋,十分有趣。

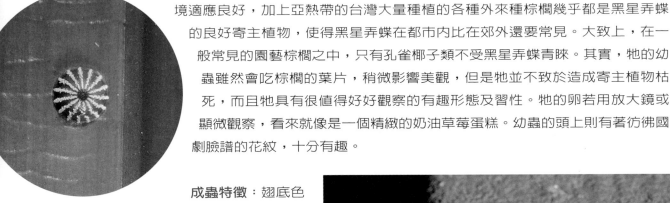

棕櫚科植物的葉片上經常可以見到細緻美麗的黑星弄蝶卵。

成蟲特徵:翅底色呈褐色,前翅背腹面均有數枚黃白色斑紋,後翅背面無紋,腹面則有幾枚小黑斑。

正在作日光浴的黑星弄蝶。

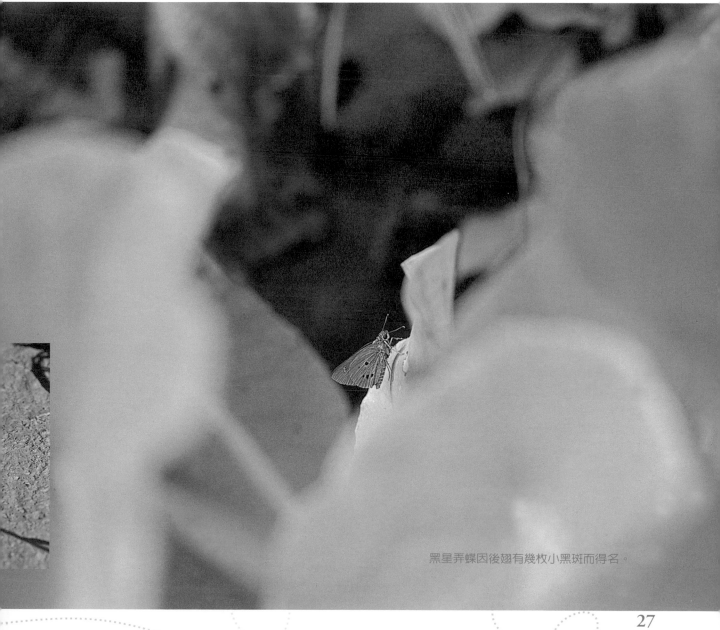

黑星弄蝶因後翅有幾枚小黑斑而得名。

幼期特徵：卵為半球形，呈紅色，上面有白色縱線，產在寄主植物的葉片上。剛孵化時幼蟲全身都是紅色的，後來轉成綠色，頭上有黑色及白色花紋。蛹的形狀有如子彈，呈褐色，表面覆蓋白色粉狀的代謝物。

與近似種的區別：成蝶後翅腹面的黑斑及幼蟲頭部的花紋在台灣地區都是獨一無二的，區分毫不困難。

寄主植物：棕櫚科植物。幾乎所有的原生種及外來園藝種都可以充作黑星弄蝶的幼蟲寄主，連檳榔都是寄主之一，只有孔雀椰子類植物不被利用。

剛孵化的黑星弄蝶幼蟲全身呈紅色。

幼蟲頭上的斑紋使其看來造型古樸奇特。

黑星弄蝶的幼蟲平常隱藏在以葉片作成的巢中。

生態習性：成蟲喜愛訪花，有時侯會停下來張開翅曬太陽，曬太陽時前翅半張而成「V」字形，後翅平放，看來就像一架先進的戰鬥機。卵產在葉片上。幼蟲會切開葉片連綴成巢，除了吃葉子之外都躲在裡面。化蛹時仍然留在巢中。

蛹的表面覆蓋著白色的粉狀代謝物。

2

社區造景

現代化的都市社區經常搭配著細心規劃的
植栽綠化。社區造景的特性是
整體性之視覺美觀，因此常運用
樹形整齊的喬木、
能形成綠籬的灌木及
適宜作為草皮的草本植物，
再配上適宜山水園林的
各色植物
構成經過美學設計的景致。
在這些造景材料當中，
也有不少是可以讓蝴蝶利用的，
有時候甚至使
一些原本並不常見的蝴蝶
在社區裡成為隨處可見的種類呢。

尖翅絨弄蝶
Hasora chromus

近年來，園藝界似乎越來越常利用一種樹形優美的喬木當作社區造景樹種，那便是豆科的水黃皮，這種喬木樹幹挺拔，樹冠豐滿，整年綠意盎然。它的推廣栽植卻帶來了一項意外的結果，那便是一種原先被認為是稀有品種的蝴蝶「尖翅絨弄蝶」從此與我們同在。水黃皮原本是生長在濱海地區的植物，而活潑敏捷的尖翅絨弄蝶至1960年代都還被認為是只分布在南部恆春半島、蘭嶼等地的稀有品種。但隨著水黃皮的推廣利用，牠現在已經遍佈全島平地與低山。大台北地區的二二八紀念公園早在1960年代就已經可以見到牠的蹤跡，像三峽這樣比較內陸的地方，也早在1980年代就能在一些社區停車場見得到這種小弄蝶。奇怪的是，雖然幾乎只要有水黃皮的地方就看得見尖翅絨弄蝶的卵、幼蟲、蛹，牠的成蝶卻很少看得見。這是因為牠的成蝶神出鬼沒，常是在天還沒全亮的黎明時分或細雨的陰天才出來活動的關係。尖翅絨弄蝶常常又被稱為「沖繩絨毛弄蝶」或「琉球絨毛弄蝶」。

細小的卵經常產在水黃皮的托葉上。

成蟲特徵：翅面底色是褐色，雌蝶在前翅背面有兩枚黃白色小紋，雄蝶則無紋。翅腹面有一條白線，底色泛紫色光芒。

尖翅絨弄蝶
已從原先的稀
有種變成城市
中常見的蝴蝶
之一。

幼蟲的頭有些
是橙色的，有些是黑色的。

幼期特徵：卵很細小，扁球形，表面有縱稜，淡紅色。幼蟲體色呈褐色，有白色細線及小點。蛹很粗短，表面覆有白色粉狀代謝物。

與近似種的區別：和圓翅絨弄蝶（台灣絨毛弄蝶　*Hasora taminatus*）相似，不過尖翅絨弄蝶的前翅翅端尖細而圓翅絨弄蝶則翅端圓鈍。另外，圓翅絨弄蝶幼蟲不會取食水黃皮，而且也很少能在城市裡見到。

蛹的身體表面覆有一層粉狀代謝物。

水黃皮。

寄主植物：只有水黃皮一種。

生態習性：成蝶會訪花，不過通常只在黎明、黃昏或陰天活動，產卵的時間則不受限制，卵通常單獨產在新芽、托葉等位置。幼蟲只能取食新芽及嫩葉，會作巢。進食速度飛快，一吃完馬上撤回巢中躲起來。蛹也躲在巢裡。

蛹巢是以葉片反捲或連綴而成。

35

琺蛺蝶

Phalanta phalantha

自古以來柳樹就是文人墨客吟詠詩歌時常用來入辭的植物，也因此在古典中式庭園造景時，柳樹是常被利用的樹種，尤其經常被栽種在水池、溝邊，用以營造弱柳映水的美景。在現代都市社區裡自然也不例外，許多社區都栽植了不少柳樹作為觀賞樹種。有句與柳樹有關的俗語說：「無心插柳柳成蔭」，這句話引申一下可以用來形容發生在台灣地區的蝶相的一樁有趣的往事。那便是發生在琺蛺蝶身上的故事。在人們栽植的柳樹邊，只要細心觀察，不難發現常常有種黃褐色搭配著黑色細紋、腹面散發紫色光芒的蝴蝶在柳樹邊飛舞，煞是好看。不過這種景觀從前是見不到的，因為這種蝴蝶原本在台灣地區並沒有分佈，牠是直到1955年之後才確定定居台灣的種類。大概是

琺蛺蝶很容易在柳樹
附近觀察到。

黃色的卵經常產在柳樹新芽及葉片上。

幼蟲全身密布棘刺，對天敵來說大概不會可口。

37

琺蛺蝶的蛹身上有美麗的金屬色斑紋。

人們種植柳樹種得多了，使得這種外來蝴蝶覺得適合定居繁衍，所以就住下來了。時至今日，牠已經成為都市中十分常見的蝶種了。由於翅上有許多黑色細紋，整體看來像是豹子身上的斑點，因此琺蛺蝶又被稱作「紅擬豹斑蝶」，不過可別搞錯了，牠和斑蝶類可沒什麼關係。

成蟲形態： 翅底色呈淺黃褐色，上面綴滿黑色小紋，腹面泛有閃亮柔和的紫色光澤。

幼期特徵： 卵呈圓錐形、黃色，表面有縱向排列的刻紋，幼蟲全身密生棘刺，身體呈黑褐色或灰褐色，身體側面有一列黃白色斑紋。蛹為懸蛹，身體綠色或褐色，上面鑲有黑色、紅色及閃亮的銀色紋，身體表面還有許多短刺。

與近似種的區別： 成蝶只有與斐豹蛺蝶（黑端豹斑蝶 *Argyreus hyperbius*）的雄蝶勉強有一點相像，不過兩者的體型、斑紋其實都有很大的差別，辨別並不困難。反倒是幼期和黃襟蛺蝶（台灣黃斑蛺蝶 *Cupha erymanthis*）神似，但是黃襟蛺蝶幼蟲頭上有一對黑斑，而琺蛺蝶幼蟲的頭則是上褐下黑，再加上一個小白點。黃襟蛺蝶的蛹身上的刺又長又彎，琺蛺蝶的蛹身上的刺則短短的。

寄主植物： 都市內以各種柳屬植物為主，在郊區有時候會取食大風子科的魯花樹。

生態習性： 成蝶喜歡出沒在光線充足的花叢間。卵通常單獨產在寄主植物的新芽、幼葉上。小幼蟲只取食幼嫩的新芽或新葉，較大的幼蟲才能食用較老的葉片。老熟的幼蟲在葉片背面或枝條下化蛹。

遷粉蝶
Catopsilia pomona

相信許多朋友們聽過聞名遐邇的高雄美濃「黃蝶翠谷」，但是談起黃蝶翠谷中的「黃蝶」究竟是什麼蝴蝶，恐怕知道的人就不多了。其實，黃蝶翠谷的主角只有一種蝴蝶，那便是常見被稱為「淡黃蝶」的遷粉蝶。這種粉蝶是遷移能力高強的熱帶蝴蝶，在發生量大的時候常會作集團遷移，猶記得民國六十年代我還在上小學時，有一回在苗栗老家的街頭突然湧現成千上萬的遷粉蝶，經過三天還源源不絕，讓那時的我興奮不已，而我老家的街道上並沒有遷粉蝶的寄主植物！另一件有趣的事情是遷粉蝶有明顯的多型性，不但雌雄色彩不同，而且在不同環境條件下成長的幼蟲變成的蝴蝶色彩也不同，導致一直到二十世紀中葉許多人仍然認為牠有兩種，直至後來才發現其實只有一種。遷粉蝶在黃蝶翠谷大量發生而形成萬蝶齊舞美景的緣由是當年在當地栽植了大面積遷粉蝶的幼蟲寄主鐵刀木，不過遷粉蝶其實並不是只有在黃蝶翠谷才看得見，由於常被用作造景植物的阿柏勒也是牠嗜食的寄主植物之一，因此在城市中也十分常見。

幼蟲有綠色的
保護色。

卵通常產在新
芽或葉片上。

　遷粉蝶的
雄蝶色彩淡雅
清新。

成蟲特徵：依照生長條件不同而有兩型，高溫期的個體翅上缺少銀白斑，被叫作「無紋型」，無紋型的雄蝶翅為泛有鵝黃色的白色，雌蝶則為白色而鑲有明顯的黑色條紋，低溫期產生的則是「銀紋型」，在後翅中央有小銀白斑，雄蝶呈白色，雌蝶則呈黃色，不過經常可以見到兩型的過渡型個體。

幼期特徵：卵梭形，裡面有細小的縱條，呈白色。幼蟲呈綠色或黃綠色，身體側面有一條白色及一條黑色縱條。蛹是縊蛹，頭頂中央有一枚短角，身體呈淡綠色而側面有一條黃線。

與近似種的區別：在台灣地區和遷粉蝶相似的蝴蝶有兩種，一種是細波遷粉蝶（*Catopsilia pyranthe*），牠的成蝶翅腹面有細密的淺褐色小紋。另一種是

41

黃裙遷粉蝶（*C. scylla*），牠的後翅色彩是鮮明的橙黃色，三者之間區分並不困難。另外，遷粉蝶偏愛的寄主是阿柏勒、鐵刀木，細波遷粉蝶是望江南，而黃遷粉蝶則是黃槐、決明。

寄主植物：都市內常用的寄主是是阿柏勒、異柄決明，郊外常用的則是鐵刀木。

蛹通常懸掛在葉片下面。

生態習性：遷粉蝶喜歡在陽光充足的場所活動，雄蝶常會到濕地吸水。卵一般單獨產於寄主植物新芽、幼葉上。幼蟲棲息在葉表，取食寄主植物幼芽、新葉。成熟的幼蟲通常選擇充分成長的老葉葉背化蛹。

遷粉蝶偏愛的寄主植物——鐵刀木。

43

迷你藍灰蝶
Zizula hylax

迷你藍灰蝶號稱是全世界最小的蝴蝶之一，前翅的長度常常小到不足一公分。別看牠小，牠的蹤跡幾乎遍及非洲、亞洲及澳洲熱帶，可見牠的擴散能力超強。在台灣地區牠原本主要分布在南部，後來卻不斷北上，在中部已十分普遍，而北部地區近年來也經常可以發現，造成這種情形的原因可能不只一端，一方面近年來平均氣溫日益上升，有利這種熱帶小蝴蝶的拓殖，另一方面花圃常用的賞花植物馬纓丹既可以作為牠的成蝶蜜源植物，又可以充作牠的幼蟲寄主，你如果在你欣賞花朵的美麗時，留心馬纓丹的花序，便很容易看到這些袖珍的藍色小蝶在花間穿梭追逐，有如花間的小精靈。

成蟲特徵：雌雄的背面色彩不同，雄蝶背面有閃亮的藍色鱗片，雌蝶則沒有而呈均勻的黑褐色。翅腹面呈灰白色而有黑褐色小點及線條。

幼期特徵：卵形似藥錠，表面有細密的刻紋，色彩呈藍白色。幼蟲細長而微小，身體綠色而在

產在大安水簑衣植株上的卵。

正在吸蜜的
迷你藍灰蝶。

附著在芽間的蛹。

背中央有一條紫紅色線條。蛹為縊蛹，身體呈綠色，表面有透明長毛。

與近似種的區別：迷你藍灰蝶和其他草地上常見的藍灰蝶類的主要分別是前翅腹面靠近前緣處多了兩個小黑點，而前後翅外緣內側各有一條細線紋。

寄主植物：都市及郊區常見的寄主是馬鞭草科的馬纓丹，而在南部的

即將羽化的蛹。

幼蟲的顏色具有保護作用。

街角、荒地常長的雜草爵床科的賽山藍及近來日漸流行栽植觀賞的大安水蓑衣也都是合適的寄主。

生態習性：成蟲多半在花叢、草叢上低飛，好訪花。卵單獨產在花苞、新芽等處。幼蟲藏在花苞、葉片、苞片之間，取食花朵、花苞、新芽。化蛹時也在植株上。

大安水蓑衣。

馬纓丹。

47

雅波灰蝶

Jamides bochus formosanus

社區裡栽植的水黃皮到了秋季會開出淡雅宜人而芬芳的紫色花穗，招來許多雅波灰蝶前來產卵。雅波灰蝶又被稱為「琉璃波紋小灰蝶」，因為牠的雄蝶翅背面有一片金屬光澤四射的藍色鱗片，鱗片結構上形成所謂的「物理色」，是藉由鱗片表面的細微構造使照射在上面的光線產生干涉、繞射形成的。雌蝶的色彩則沒有那麼明亮。雅波灰蝶最特別的地方是當雌蝶產卵時，會分泌出一些白色的綿狀物質將卵包藏起來，藉以保護卵不被螞蟻等天敵危害。雅波灰蝶的幼蟲只取食各種豆科植物的花蕾，所以只有在像水黃皮或小槐花等豆類植物開花時牠才會出現，而且有時候數量會很多，成為在花叢間穿梭的小精靈，在陽光下有如藍寶石般閃耀。

成蟲特徵：雅波灰蝶是體型很小的小型蝴蝶，翅背面底色呈黑褐色，上有一片藍色鱗，在雄蝶能產生強烈的金屬光澤，雌蝶則不會。翅腹面底色是褐色的，上面有由許多白色細線構成的波狀紋，後翅有一個黑色圓斑，圓斑後方有一根絲狀的小尾突。

正在咸豐草花上吸蜜的雅波灰蝶。

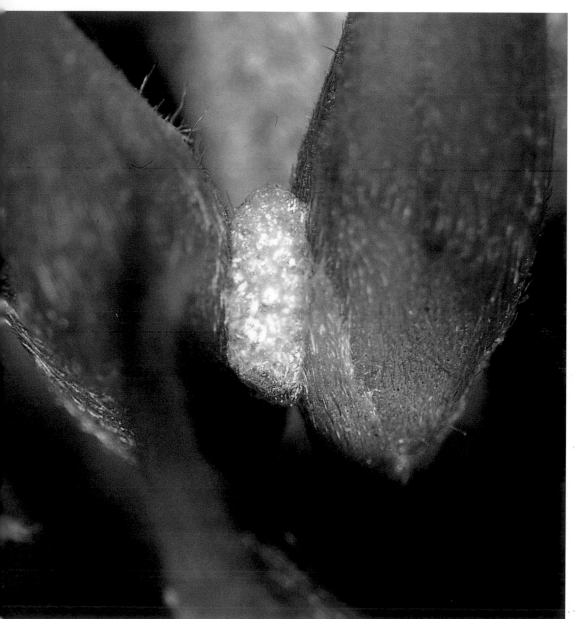

雅波灰蝶的卵包
藏在白色的綿狀物
質內。

雅波灰蝶的的蛹體細長。

幼期特徵：卵呈白色，形如包子，包藏在白色綿狀物質之中。幼蟲身體呈褐色或紅褐色，兩側有淺色斜紋，腹部具有可以吸引螞蟻的喜蟻器及分泌蜜露的蜜腺。蛹是縊蛹，蛹體細長，呈褐色，上面有一些褐色小斑。

與近似種的區別：在台灣地區沒有相似的種類，產卵的方式也是獨特的。

雅波灰蝶的幼蟲取食豆類植物的花蕾。

寄主植物：各種豆科蝶形花亞科植物的花蕾，不過比較偏好某些種類。

生態習性：成蝶通常在天氣好的時候活動，喜歡訪花。卵通常數個成一塊附著在寄主植物的花蕾上。幼蟲食用花蕾，會分泌蜜露供螞蟻食用，藉以得到螞蟻提供的保護。這種互利共生關係並沒有必須性，沒有螞蟻時雅波灰蝶一樣可以充分發育成長。

水黃皮的花蕾。

3

公園‧校園

在工商業發達的都市中，
最容易看見綠地的地方
其實便是公園及學校的校園，這些地方
為了讓居住在都市的人們放鬆心情
及營造良好的學習環境，
常常會保有不少綠地，而且
裡頭植物種類常常比較多樣化，
綠地的面積也較大，
可以讓一些
在都市其他場所
見不到或不常見的蝴蝶棲息。

大鳳蝶
Papilio memnon

顧名思義，大鳳蝶大概是我們生活周遭常見的蝴蝶之中最大的一種了，牠不但飛行姿態豪邁明快，而且色彩多樣，令人讚嘆。牠的雄蝶和雌蝶色彩差異很大，而雌蝶又分成具有尾突的「有尾型」和不具有尾突的「無尾型」，有尾型和無尾型的斑紋色彩差別也很明顯。現在已經知道兩型之間有遺傳上的顯隱性關係，無尾型對有尾型是隱性的。大鳳蝶體型大，需要的生活空間也較大，所以要在綠地較多的公園、校園牠才比較常見。牠的幼蟲雖然可以取食許多種柑桔類植物，但是由於牠的雌蝶偏好將卵產在遮蔽度較高的場所，因此樹冠較濃密的柚子樹最受大鳳蝶青睞。

成蟲特徵：大鳳蝶是雌雄異型的，雄蝶以黑色為主，翅背面在後翅有許多由淺藍色鱗片構成的條紋，腹面在靠近身體的位置有血紅色斑紋。雌蝶依有無尾突而分為兩型，兩型在後翅都有白斑，但是通常無尾型的白斑要比有尾型來得發達一些。也有斑紋長得像雄蝶的雌蝶，但是極其罕見。

正在採蜜的無尾型雌蝶。

54

幼期特徵：卵呈球形、黃色，大小比其牠在柑桔類植物上見到的鳳蝶卵要大得多。幼蟲期分為五齡，終齡以前幼蟲呈鳥糞狀，底色呈綠褐色。終齡幼蟲底色呈綠色，腹部的斜帶呈白色，裡面雜有墨綠色細紋。臭角呈橙色。蛹是縊蛹，十分粗壯，依附著場所不同而有綠、褐兩型，綠色型在

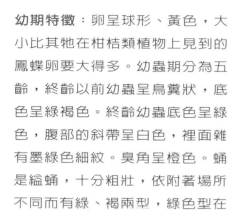

正在吸水中的雄蝶。

休憩中的有尾型雌蝶。

55

翅上有淺褐色紋，彷彿枯掉的植物組織，褐色型則有綠色紋，彷彿附在枝條上的青苔。

與近似種的區別：在台灣地區只有偶爾會從菲律賓飛來的紅斑大鳳蝶（*Papilio rumanzovia*）與大鳳蝶相似，但紅斑大鳳蝶的後翅腹面外側有明亮的鮮紅色圈紋，大鳳蝶則沒有。

產在葉片上的卵。

大鳳蝶的蛹體型很肥碩。

大鳳蝶的鳥糞狀幼蟲身體明顯帶有綠色。

56

寄主植物：各種柑桔類植物，尤其是柚子樹。

生態習性：成蝶喜訪花，雄蝶會到濕地吸水。卵產在寄主植物的葉片或新芽上。幼蟲取食寄主植物的葉片。成熟的幼蟲常在寄主植物的枝條上化蛹。

終齡幼蟲腹部斜帶顏色特別淺。　　　　　　　　終齡幼蟲的臭角是橙色的。

黑鳳蝶
Papilio protenor

在台灣地區以芸香科植物作為幼蟲寄主植物的鳳蝶之中，黑鳳蝶可以說是分布最普遍，數量也很豐富的種類。不論是在深山裡的原生芸香科樹種如山黃皮、阿里山茵芋，或是在都市校園、公園裡的栽培樹種如金柑、柳橙樹上都一樣容易發現牠的幼蟲。就連一些不怎麼受其他鳳蝶喜愛的芸香科植物如雙面刺等，黑鳳蝶都視為理想食料。就是因為這樣，在都市及近郊地區黑鳳蝶都是最適合用作生態觀察的材料之一，牠們偏好有遮蔭的環境，種在大樹下、房舍角落的柑桔樹上最容易見到。黑鳳蝶雖然整體上黑忽忽的，但你若仔細觀察便會發現牠的翅背面泛著美麗的深藍色光澤，而且雌蝶後翅常散佈著漂亮的淺藍色鱗片，這些鱗片在低溫期出現的個體比較多。

成蟲特徵：中大型蝴蝶。翅底色呈黑色，翅背面泛深藍色光澤。後翅有少許紅紋。雄蝶後翅前端有一條黃白色條紋，雌蝶則沒有。

產在山黃皮花苞上的卵。

正在吸水的黑鳳蝶雄蝶。

黑鳳蝶的小幼蟲也呈鳥糞狀。

幼期特徵：卵呈球形、黃色。幼蟲一至四齡呈鳥糞狀，底色呈黑褐色而有白紋。終齡幼蟲底色是綠色，腹部有褐色斑紋，裡面雜有一些細小的淺色細紋。成長後臭角是紫紅色的。蛹是縊蛹，身體修長，頭上有一對長角。

與近似種的區別：在台灣地區與黑鳳蝶最相似的是台灣鳳蝶（*Papilio thaiwanus*），但是台灣鳳蝶翅形比較狹窄細長，而

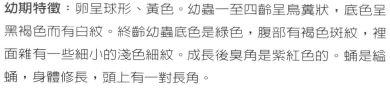

59

且腹面的網狀紅斑及雌蝶後翅的
白斑都是黑鳳蝶沒有的特徵。

寄主植物：各種野生及栽培種芸
香科植物，尤其喜愛柑橘類及雙
面刺。

黑鳳蝶幼蟲的臭角是紫紅色的。

雙面刺。

生態習性：成蝶飛翔緩慢優雅，喜歡訪花。卵通常產在新芽或葉片上。幼蟲棲息在葉表，取食葉片。成熟的幼蟲化蛹在寄主枝條上或附近的其他物體上。

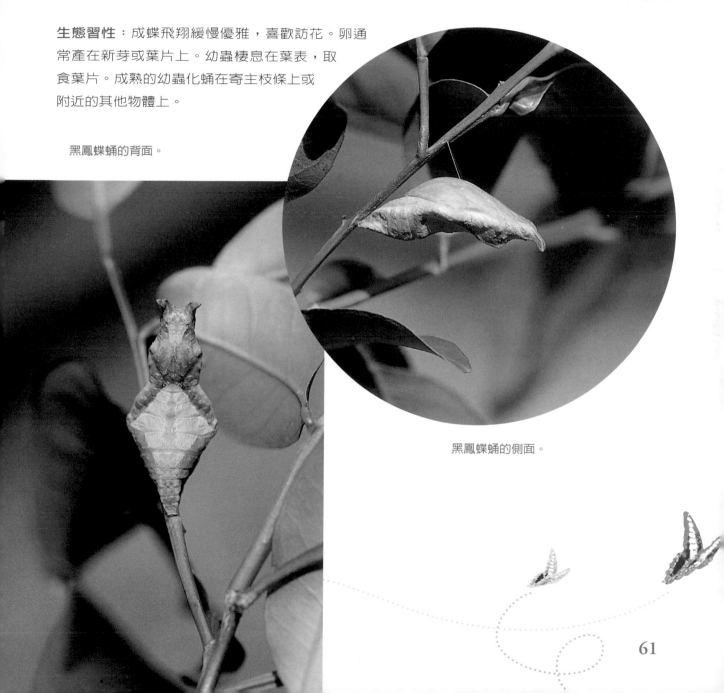

黑鳳蝶蛹的背面。

黑鳳蝶蛹的側面。

藍灰蝶

Zizeeria maha okinawana

公園與校園一般都有許多草坪，為了保持清爽的外觀，通常草坪會不時地以割草機整理，使得許多野草無法在這種環境下生存。然而，有些植物天生的特質卻使得他們不但可以在草坪上存活繁衍，而且因為競爭對手少，反而生長得比在荒郊野外還要來得興旺。在這些植物之中，有一些種類恰恰的就是某些蝴蝶的寄主植物。而這類蝴蝶當中，最常見的便是藍灰蝶了。藍灰蝶又被叫做「沖繩小灰蝶」，牠的寄主植物是黃花酢醬草，而這種植物是長得矮小而又有匍匐莖的陽性植物，草坪特別適合牠的生長，因此也連帶地使藍小灰蝶成為台灣地區的公園、校地裡最常見的蝴蝶。藍小灰蝶雖然很小，但是牠有明顯的季節變異，雌雄的差異又大，幼蟲會供蜜給螞蟻而獲得保護，形成互利共生的關係，加上飼養、觀察十分容易，簡直可以說是天生的自然觀察教材。

藍灰蝶翅張開時會閃現出天藍色的光采。

卵多半產在葉背。

成蟲特徵：藍灰蝶是翅形很圓的小型蝴蝶，牠的雄蝶翅背面呈淺藍色，外側鑲著黑邊，不過黑邊在低溫期會幾乎消失。雌蝶翅背面大部分呈黑褐色，上面綴有藍色鱗片，這些鱗片在低溫期較多。雌雄兩性的翅腹面斑色彩相似，在高溫期底色很白，上面綴著許多黑褐色小斑紋，低溫期底色較暗而上面的小班紋則色彩較淡。

幼期特徵：卵呈圓餅狀，白色表面有細緻的
條紋，表面中央有一個明顯的凹孔，就是受
精時精子進入卵的位置，叫作「精孔」。幼蟲
會隨環境而產生綠色及褐色的色型。幼蟲腹
部有發達的蜜腺及喜蟻器。蛹是縊蛹，呈淺
綠色或淺褐色，上面有黑褐色斑紋。

低溫期的藍灰蝶斑紋黯淡。

高溫期的藍灰蝶斑紋鮮明。

蛹通常也在隱蔽的位置。

幼蟲不取食時，常躲在石頭下、土縫間等隱蔽場所，常有螞蟻前來取蜜露。

與近似種的區別：在公園、校園的草坪上與藍灰蝶最相像的是折列藍灰蝶（小小灰蝶*Zizina otis*），不過藍灰蝶後翅中央的小斑紋排成環形，折列藍灰蝶則因為從前往後數來的第二個斑紋向內偏移而使這些小斑排成兩列。在中南部的荒地上則有常以莧草為寄主的莧藍灰蝶（台灣小灰蝶*Zizeeria karsandra*）和藍灰蝶十分相似，但是莧藍灰蝶的翅背面藍色的鱗片顏色較深，而且前翅中央的斑列顏色特別深。

寄主植物：幼蟲只取食黃花酢醬草。

生態習性：成蝶喜歡在開闊明亮的環境活動，愛訪花，卵通常單獨產在寄主植物葉背。幼蟲進食時常吃掉葉片下表皮及葉肉，只留下上表皮，像是在葉子上開了些窗子似地。不取食時幼蟲通常躲在土縫、石塊下。幼蟲提供蜜露給螞蟻食用以得到螞蟻的保護，沒有螞蟻存在幼蟲仍然可以照常順利發育，成熟的幼蟲會找隱蔽的場所化蛹。

圓翅紫斑蝶
Euploea eunice hobsoni

前翅背面中央
的淺色細長小斑
點是圓翅紫斑蝶
的特徵。

家住在中北部的朋友每當春暖花開的時節，在公園及校園等場所常見的榕樹上常常可以見到一種舞姿翩翩、黑忽忽的大蝴蝶繞著榕樹轉，然後攀住榕樹的枝條、葉片、甚或氣根，生下黃黃的卵粒。過沒多久，榕樹上便會出現一種造形奇怪的蟲子，牠身體的顏色明暗相間，這讓人想起「斑馬線」，身上還長著四對長長的肉鬚，接著這些蟲子便會懸掛在樹枝、葉片下蛻皮變成金屬光澤強烈、造型圓滾可愛有如玩偶的蛹。這種蝴蝶叫做圓翅紫斑蝶，是紫斑蝶屬家族的一員。

相信你一定聽過盛名在外的「紫蝶幽谷」，這種蝴蝶谷的成員其實有許多種斑蝶，其中便包括了圓翅紫斑蝶。

住在南部的朋友比較幸運，幾乎全年都看得見這種美麗的蝴蝶，別看牠乍看之下烏黑不起眼，當牠打開翅時，你會發現翅表面竟有一片豔藍色的美麗光芒，極其美麗。台灣擁有的幾種紫斑蝶，都有著類似的色彩，也許你要問為什麼牠們都長得這麼像？學術界對這種現象有一個解釋：牠們的幼蟲所吃的植物具有有毒的成分，使天敵如鳥、蜥蝪等對牠們敬而遠之，幼蟲身上明暗相間的圖案及蛹身上

圓翅紫斑蝶翅形寬而圓。

幼蟲造型十分奇特。

的亮麗色彩，便是針對天敵提出警告的「警戒色」，而不同種的成蟲如果都是有毒或是難吃的，並且演化出相似的外觀，則可以共同降低被天敵誤食的風險，這種現象被稱為「穆氏擬態」。

成蟲特徵：中大型蝴蝶，翅底色黑褐色，在背面泛有豔藍色光芒。前翅翅背面中央有一淺色的長橢圓形小斑點，外緣有一列淺藍色小斑紋，翅腹有一枚橢圓形白斑，外緣有成列的白色小點。雄蝶的前翅輪廓與雌蝶不同，在後緣呈圓弧狀，而雌蝶卻呈直線狀。雄蝶的腹端有能放出性費洛蒙的「毛筆器」。

幼期特徵：卵呈黃色，砲彈型，表面有刻紋排成縱列。幼蟲在身體前半部有三對，後半部有一對肉質突，體表有黑色及黃白色相間的線紋，體側有一片橙黃紋。蛹是懸蛹，胸、腹均膨大，像是個不倒翁，身上有如同明鏡般的金屬光澤，極其耀眼奪目。

蛹身上具有作為警戒色的強烈金屬光澤。

附著在榕葉上的卵。

與近似種的區別：外表與同屬中其他種類以及幻蛺蝶（紫蛺蝶 *Hypolimnas*）類相似，最明顯的特徵是前翅背側中央的淺色紋，其他種類在相同的位置沒有類似的斑紋。幼蟲與異紋紫斑蝶（端紫斑蝶 *Euploea mulciber*）最相似，而且兩種都會以榕屬植物為食，不過異紋紫斑蝶的幼蟲背側有特別寬的白色橫條。

寄主植物：各種桑科榕屬植物。

生態習性：成蝶飛行姿態緩慢而優雅，喜訪花。卵通常單獨產在新芽、幼葉上。幼蟲取食寄主植物比較柔軟的葉片，成熟的幼蟲在枝、葉下化蛹。圓翅紫斑蝶的生態疑點很多，例如在中北部地區，牠的幼期只有在春夏之交常見，但在南部地區則秋季仍然可以見到牠產卵，因此牠的世代數與氣候條件及與遷移越冬行為間的關係還需要深入研究。

細帶環蛺蝶
Neptis nata lutatia

環蛺蝶類常常被叫作「三線蝶」，指的是翅上常常有白斑或黃斑約略排成三列，不過在習慣上被稱為三線蝶的蝴蝶當中，卻包含了許多親緣關係很遠的種類，讓人覺得大惑不解。其實，不只是三線蝶的含義教人糊塗，常被人稱為「真正三線蝶」的環蛺蝶屬*Neptis*的分辨一樣教人傷透腦筋。在台灣有記錄的環蛺蝶共有16種，扣除有疑問的兩種之後仍然有14種，彼此的花紋十分相似，就連許多觀察蝴蝶很久的愛蝶人也常常搞不清誰是誰呢！細帶環蛺蝶原本是偏好棲息在闊葉林中的森林性蝶類，但是公園、學校所栽種或生長的許多植物也適合作為牠的寄主植物，而都市高樓林立的環境也依稀與樹木林立的情境相仿，也許就是因為這樣，細帶環蛺蝶便成為台灣地區都市中適應最成功的環蛺蝶。

幼蟲的簾狀食痕。

卵產在葉尖。

環蛺蝶類停止時，常會將翅張開，細帶環蛺蝶也不例外。

一些其他郊外數量最多的環蛺蝶如豆環蛺蝶（琉球三線蝶 *Neptis hylas*）或斷線環蛺蝶（泰雅三線蝶 *Neptis soma*）在都市內都少見，只有細帶環蛺蝶安然活躍在都市叢林裡。細帶環蛺蝶因雄蝶的白帶比其他種類的環蛺蝶來得細而得名，牠的別名叫作「台灣三線蝶」，但是牠可不是特有種或是最早在台灣發現的種類，而是分佈幾乎涵蓋整個東南亞的廣佈種。

細帶環蛺蝶和其他各種環蛺蝶的幼蟲會把葉片咬得只留下一些碎片和葉脈相連，葉子碎片枯掉後幼蟲便躲在上面，配合身上的花紋色彩，便有令人讚嘆的隱藏效果。有趣的是，不同的寄主植物上發現的幼蟲體色也不相同。

成蟲特徵：翅背面呈黑褐色，腹面呈褐色，兩面均有幾條由白色斑紋形成的條紋。雄蝶的白色條紋通常較雌蝶來得細。

幼期特徵：卵接近球形，卵表有幾何圖形般的格子及短刺，呈綠色。幼蟲在胸部有兩對長棘突，腹部末端有一對小突起。身體背側色彩較兩側為淺，腹部後部兩側有時有淺綠色小紋，但也常常消失不見。蛹是懸蛹，身體很扁平，頭頂兩側有小尖突，身體泛銀白色，上面有一些褐色細紋。

山黃麻上的幼蟲。

正在進食的幼蟲。

與近似種的區別:翅上的白色條紋比其他近似種細,尤其是雄蝶從前翅中央後側的四枚白斑從前往後數來的最後一枚特別小,寬度比第三枚窄一半或更小,在其他形態相似的環蛺蝶則與第三枚白斑約略等寬。

寄主植物:幼蟲食性很雜,包括許多種原生及人為栽培的植物,常見的有山黃麻、朴樹、水黃皮、印度黃檀、菲律賓紫檀、使君子、刺杜密等植物。

生態習性:卵單產在葉尖的表面。幼蟲棲息在葉表,取食寄主的葉片。蛹化場所通常便在寄主植物的葉背。

懸掛在葉背的蛹。

水黃皮上的幼蟲。

4

行道樹・花台

在想像中，都市中的
行道樹及人行道上的花台
經年遭受汙濁的
汽機車廢氣沾染，似乎很不可能
有蝴蝶能夠出現在這種
惡劣的環境。
不過，有幾種蝴蝶
卻克服困難，反過來
利用行道樹及花台植物，
因受修剪
而冒出的新芽
充作幼蟲食物繁衍不息，
這些蝴蝶強韌的生命力
真是不可思議。

青鳳蝶

Graphium sarpedon connectens

很多人都知道樟腦是由樟樹提煉出來的，而樟腦則是很好的防蟲劑。不過許多人卻不知道樟樹其實蟲害很多，其中也包括一些蝴蝶。樟樹除了可供提煉樟腦之外，由於樹幹挺拔美觀，樹冠濃密蓊鬱，因此被視為很好的行道樹，有時連寬廣的複線大道中央的安全島上也種了不少樟樹。這些樟樹的樹葉便成為青鳳蝶流連的好地方。青鳳蝶又被稱為青帶鳳蝶或青條鳳蝶，用以形容牠翅上成列的青色半透明斑紋。青鳳蝶原本是廣泛分佈在各處山野的鳳蝶，但牠並不介意城市裡的空氣污染，雖然行道樹的葉片上沾滿了烏黑的煙塵，青鳳蝶的幼蟲仍然能夠取食利用。青鳳蝶幼蟲呈綠色，具有很好的保護色，如果萬一被天敵發現了，還能伸出黃黃的臭角可以作為第二道防線，只不過牠用來逐走天敵的臭角所分泌出來的氣味我們聞起來卻十分芳芳，有如香水呢！

成蟲特徵：青鳳蝶的翅形很細長，翅的底色呈黑褐色，有一列青色半透明的斑紋從前翅前端向後延伸，直到後翅，後翅外側還有一列同樣色彩的弦月形斑紋。後翅腹面還有一些紅色短線紋。雄蝶的後翅內緣反折，裡面包有白色長毛。

青鳳蝶幼蟲在胸部有一條明顯的黃色橫線。

許多蝴蝶的雄蝶會到水邊吸水，這些在翡翠水庫水邊沙地吸水的蝴蝶大部分是青鳳蝶。

幼期特徵：卵呈球形，淡黃色。幼蟲最初呈褐色，後來變成綠色，胸部膨大，尾端有一對小突起。後胸有一對明顯的瘤狀突起，並有一條黃色橫線。蛹為縊蛹，在胸部有一根指向前方的匕首形突起，體上有幾條稜線，依化蛹場所不同而有綠、褐色兩型，其中的綠色型身上的稜線呈黃色，看起很像樟樹的葉脈，因此青鳳蝶的蛹在野外很難發現。

青鳳蝶的卵造型像是顆珍珠。

與近似種的區別：在台灣地區只有寬帶青鳳蝶（*Graphium cloanthus kuge*）比較相似，但是後者翅上的青帶較寬且色彩較淺，後翅並且多了一根指狀尾突。

寄主植物：樟科的多種植物，在都市市內最常用的寄主是樟樹，也會取食其他的樟科園藝植物，如錫蘭肉桂、香桂等。在郊外常用的寄主植物包括紅楠、香楠、牛樟等。

生態習性：成蝶飛行快速，愛訪花。雄蝶會到濕地吸水，有時會聚集成群。卵通常單獨產在新芽、新葉上。幼蟲棲息在葉表取食葉片。成熟的幼蟲在葉片上或樹幹、石壁、其他植物上化蛹。

青鳳蝶的蛹看起來就像是樟樹葉片。

綺灰蝶原本是罕見的蝴蝶，現在卻已經成為常見的種類了。

蘇鐵綺灰蝶
Chilades pandava peripatria

在都市裡常見的蝴蝶之中，很少有像蘇鐵綺灰蝶這般擁有曲折而傳奇的故事的。眾所周知，台灣寶島的蝴蝶資源著稱於世，打從著名的生物地理之父華萊士和鱗翅學者摩爾在1866年發表第一篇有關台灣蝴蝶的研究報告之後，一直到百年後日本蝶類研究泰斗白水隆於1960年發表原色台灣蝶類大圖鑑，這之間大部分台灣產的蝴蝶已經被發現並記載，至少對原生的常見種類來說是這樣的。蘇鐵綺灰蝶可以說是個極其特殊的例外，牠在台灣的存在可以說直到1970年代都還一無所知，有關牠的最初記載竟然是出現在一份有關農業害蟲的刊物上，由於當時的人根本不知道台灣有這種蝴蝶，因

附著在蘇鐵嫩芽上的卵。

成熟的幼蟲常鑽進蘇鐵莖幹上的海綿狀組織中化蛹。

埋藏在海綿狀組織中的蛹。

幼蟲數量多時能把蘇鐵嫩芽吃得精光。

此便錯誤地將牠鑑定成為害豆類植物的豆波灰蝶（波紋小灰蝶 *Lampides boeticus*）。在1980年代前期，雖然有幾個研究機構觀察到蘇鐵綺灰蝶的發生，但牠的存在仍然飄忽不定。當時的耳語相傳使一些愛蝶人（當然也包括我在內）到處找這種神祕的小蝴蝶，卻老是找不到。最後才由植物學界得到線索。原來一些植物學家早就在調查台灣的原生蘇鐵時注意到上面有蟲害，於是經由這份線索終於在台灣的蘇鐵原鄉台東發現了蘇鐵綺灰蝶的族群。詭弔的是，就在蘇鐵綺灰蝶在台東被發現後不久，蘇鐵在園藝界突然大紅大紫，全台各地一下子就種滿了蘇鐵，也許就是因為寄主植物猛然間遍佈各地，蘇鐵綺灰蝶也就從一種分布很狹窄的蝴蝶，在很短的時間內就變成了城市中十分常見的蝴蝶。牠的幼蟲雖然有時候會把路邊花台上的蘇鐵新葉吃得七零八落，但是牠通常對蘇鐵的存活沒有太大影響，不像介殼蟲會使蘇鐵整株枯死。由於台灣是蘇鐵綺灰蝶最靠東方的分布地，因此蘇鐵綺灰蝶又被稱為「東陸蘇鐵小灰蝶」。

成蟲特徵：小型蝴蝶。後翅有一個細小的尾突，尾突內側有一枚黑斑。雌雄顏色不同，雄蝶翅背面呈藍紫色，雌蝶底色呈黑褐色，上面散布有藍色鱗片，低溫期較明顯，高溫期則消退。腹

面的顏色呈淺灰色或淡褐色，上面有暗褐色的鏤空紋及小黑斑。

幼期特徵：卵形有如圓餅，淺藍白色，表面有細緻的刻紋。幼蟲色彩變化多端，密度低時大多是淺綠、黃、淺褐色的，密度高時則多半是紅色的。蛹是淺褐色的，上面有一些黑褐色斑紋。

與近似種的區別：在台灣地區最相似的是奇波灰蝶（白尾小灰蝶 *Euchrysops cnejus*），但是本種翅腹面底色較暗，上面的斑紋較寬。

寄主植物：蘇鐵屬植物，常見的有蘇鐵及台東蘇鐵。

生態習性：成蝶行動活潑敏捷，喜吸花蜜。卵產在寄主植物體上，通常附著在新芽、新葉等柔軟組織上，但當食物不足時，卵會被產在老葉、孢子葉等位置。

台東蘇鐵。

79

網絲蛺蝶
Cyrestis thyodamas formosana

在台灣地區，榕屬植物是頗為主要的綠化樹種，不論是在人行道邊、庭院裡、公園、停車場、甚至安全島上都常可以見到，而在郊區，種類就更多了。這些各色各樣的榕屬植物，都能被一種有趣的蝴蝶 — 網絲蛺蝶用來當作幼蟲寄主。網絲蛺蝶又被稱為「石牆蝶」，這個名字的由來其實是直接翻譯日文名「石垣蝶」的結果，因為日人覺得網絲蛺蝶翅面上的花紋像是石壁上的紋線的關係。網絲蛺蝶另有一個有趣的別名，叫作「地圖蝶」，這個名字源自翅面上縱橫交錯的黑色線紋看起來彷彿地圖上的經緯線的緣故。網絲蛺蝶的行為也十分有意思，當靜止時常常會將翅平攤，由此可知，「蝶類休息時翅豎起而蛾類則翅平放」的說法並不一定正確。

成蟲特徵：翅形古怪，前翅後側有缺刻；後翅前側截斷狀，後側有一小尾突及一葉狀突。翅底色為白色，上面有交錯排列的黑色及褐色線紋、斑紋。

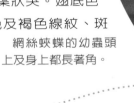

網絲蛺蝶的幼蟲頭上及身上都長著角。

成蝶靜止時翅常常平攤開來。

卵通常長在新芽上

幼期特徵：卵呈樽形、黃色。幼蟲初時體呈淺褐色，成長後身體中央及末端長出一支彎曲的長角，體呈綠色或黃綠色，身上在長角附近有深褐色斑紋，頭上有一對彎曲的長角。蛹的形態十分古怪，呈褐色而有深色線紋，整體看來就像一枚乾枯的榕樹葉片。

與近似種的區別：在台灣地區沒有相似的種類。

寄主植物：桑科榕屬的各種植物，人為栽植作為行道樹、造景樹種的榕樹以及可用來充當綠籬的薜荔等都是合適的寄主植物。

生態習性：成蝶飛翔方式緩慢，常在空中滑翔。喜歡訪花，也愛吸食動物排泄物、死屍。卵通常單獨產在新芽、幼葉上。幼蟲取食葉片，小幼蟲有奇特的造糞塔習性，會用口把糞粒一個個啣到葉片邊緣，用絲接成棒形的細塔，休息時便停蛹的形態像是片捲曲的枯葉。

幼蟲小時候會在葉片上造糞塔。

金斑蝶
Danaus chrysippus

金斑蝶又被稱為「樺斑蝶」,不過牠的幼蟲可不是吃樺樹的。牠的舞姿曼妙而輕緩,但是可別小看牠,金斑蝶的遷移、擴散本領可是十分高強的。任何地方只要種上一片牠的寄主植物,即便是在都市的核心地區,也會很快地被金斑蝶發現並產下卵粒繁殖。在台灣地區棲息的金斑蝶的背後有個謎,那便是已經知道的寄主植物只有常被稱為「馬利筋」的尖尾鳳,以及釘頭果兩種,而這兩種植物都是外來植物,而且釘頭果還是近年才引進充作花材的園藝植物,也就是說,金斑蝶在台灣原先的寄主植物只有尖尾鳳一種。然而,尖尾鳳卻是熱帶美洲原產的植物,據信是在日人據台以前便已傳入台灣了。因為台灣的金斑蝶多年來能利用的寄主只有尖尾鳳一種,所以牠有可能是尖尾鳳引入台灣之後才來到台灣的「史前外來種」。更有趣的是,金斑蝶在美洲並沒有分布,而是舊世界特有的蝴蝶,那麼,台灣的金斑蝶究竟是怎麼來的呢?牠顯然不是隨著寄主植物從美洲來的,牠也不應該是

金斑蝶是有名的「毒蝶」之一,不受捕食性動物如鳥、蜥蜴等歡迎。

83

原生的固有種。這個問題現在還沒有確切的答案，不過，金斑蝶在亞
洲熱帶的寄主植物包括一些亞洲地區原生的蘿藦科植物，
因此很可能金斑蝶是在尖尾鳳引進之後，由台灣鄰近
地區移入繁衍的。尖尾鳳花色鮮豔，花期又長，因
此有時會被用來作成花台，或者栽植在近郊風景
區的步道、花圃裡，這些場所便很容易成為金斑
蝶的樂園。

幼蟲身體色彩鮮艷，
是一種警戒色。

產在葉上的卵。

金斑蝶的蛹造型
可愛、色彩美麗。

成蟲特徵：中型蝴蝶。身軀除了腹部是黃褐色之外，呈
黑底白斑。翅的底色呈黃褐色，前翅翅頂黑色而有白斑。後翅外圍有
黑底白紋的花邊，翅面上有黑色斑點，雌蝶有三枚，雄蝶則有四
枚，其中最後方的一枚是性斑。

幼期特徵：卵形有如砲彈，表面有縱走的刻紋，呈黃白色。幼蟲身上有3對肉鞭，體色由黑、白、黃紋排列成鮮明的圖案。蛹為懸蛹，依場所不同而有綠、褐色兩型，在腹部有一條由銀色及黑色紋構成的，色彩有如首飾般的細小橫帶。

與近似種的區別：在台灣地區與金斑蝶相似的蝴蝶只有虎斑蝶（黑脈樺斑蝶 *Danaus genutia*）一種，不過，虎斑蝶沿翅脈有由黑色鱗片形成的條紋。

金斑蝶的寄主尖尾鳳常被稱為馬利筋。

被食蟲椿象捕食的金斑蝶幼蟲。

寄主植物：蘿藦科的尖尾鳳及釘頭果。

生態習性：成蝶飛行緩慢，喜好訪花。卵單獨產在寄主植物的花、葉、莖各部位。幼蟲小時常將寄主植物葉片嚙咬出圓形小孔，較大的幼蟲常會將葉中肋咬斷再取食，幼蟲也會吃花、花苞、食物不足時還會啃莖的表皮。成熟的幼蟲常常就在寄主植物的葉背、莖上化蛹。

85

折列藍灰蝶
Zizina otis riukuensis

行道樹下、花台中常常長著一些喜愛陽光的野草，這些野草常常是矮小而匍伏性的，這是因為行道樹及花台的管理者常會用割草機等器械除草，以免雜草妨礙了行道樹或花台裡栽種的花草的生長。在這些舖在地上的野草當中，有一種長得很秀氣，開著淺紫色小花的蠅翼草，牠們常常貼著土壤長成一片。如果你細心觀察便會注意到長著蠅翼草的場所附近常常

折列藍灰蝶後翅中央的斑點排成兩列。

有一種藍色的小蝴蝶飛舞，那便是折列藍灰蝶。這種小蝴蝶常常和藍灰蝶（*Zizeeria maha*），莧藍灰蝶（*Z. karsandra*）、迷你灰蝶（*Zizula hylax*）一起飛舞，因為體型小，外觀又相似，許多剛開始觀察蝴蝶的人常分不清這些種類。折列藍灰蝶在中南部很常見，在北部則較少見，除了行道樹下、花台之外，安全島、人行道邊的草坪、公園、荒地都見得到這種可愛的小蝴蝶。折列藍灰蝶又叫作「微小灰蝶」或「台灣小小灰蝶」。

產在新芽上的卵。

成蟲特徵：小型蝴蝶。翅背面底色為褐色，雄蝶翅背面大部份覆蓋著發亮的藍色鱗片，雌蝶則只有在翅基附近有藍色鱗片散佈。翅腹面呈淺褐色，秋冬季的個體顏色較深。翅面上有黑色小斑點。

正在休息的雌蝶。

匍伏在地上的蠅翼草。

88

幼期特徵：卵呈圓餅狀，表面有細緻的刻紋，卵色呈藍白色。幼蟲呈綠色。蝶是縊蛹，呈淺綠色。

與近似種的區別：折列藍灰蝶與外形相似的種類最容易分別的特徵是後翅中央的斑列由前向後數來的第二個斑折向內側。

寄主植物：豆科植物，以山馬蝗屬植物為主。

附著在葉片下的蛹。

生態習性：成蝶喜好在陽光充足的場所活動、採蜜。卵產在花序、葉片上。幼蟲取食花苞、嫩葉。成熟幼蟲化蛹在葉片背面。

綠色的幼蟲有很好的保護色。

89

5
閒置荒地

都市裡常常有一些
還沒有被利用的空地，這些空地
經常會長出成片
喜歡陽光的先驅性植物，這些植物
在林立的水泥建築物
及馬路之間提供了
包括蝴蝶在內的許多昆蟲
棲息的小空間。這些荒地上
常長出成片的禾草或
其他能被蝴蝶利用的植物，也常常
長出許多能夠充作
成蝶蜜源的植物，如
咸豐草、長柄菊等。

黃蝶
Eurema hecabe

黃蝶類的蝴蝶是令許多研究蝴蝶的人頭疼的可愛小蝴蝶。牠們有著鮮黃色的蝶衣，一年四季穿梭在花叢當中，飛舞得優閒又賞心悅目。不過，牠們在台灣地區目前一共有六種，這六種黃蝶不但彼此長得像，而且在不同季節還有明顯的季節變異，再加上雌蝶與雄蝶長相不同，使黃蝶類成為最難正確鑑定的蝴蝶之一。黃蝶類雖然廣泛地分布在各種不同的生態環境中，但是由於閒置的荒地上常常會長出成片的田菁，而田菁便是黃蝶最喜歡的寄主植物之一，再加上荒地上產生的咸豐草是黃蝶成蟲喜愛的蜜源植物，因此這些荒地上常會繁衍出大量黃蝶，給市內的荒地帶來生氣。黃蝶的幼蟲呈綠色，具有保護色的作用。

卵產在葉子上。

過去常用亞種名ssp.*hobsoni*來稱呼台灣的黃蝶族群，因而衍生出「荷氏黃蝶」的中文名，不過近年來的研究認為台灣地區的黃蝶與指名亞種ssp.*hecabe*沒有什麼不同，因此亞種名ssp.*hobsoni*便不再適用了。

幼蟲有綠色的保護色。

92

黃蝶是荒
地上最常見
的蝴蝶之一。

成蟲特徵：中小型蝴蝶。翅面
底色呈明亮的黃色，雄蝶的顏
色比雌蝶要來得深色，翅背面
有黑邊，在高溫期較寬，低溫
期則消退。翅腹面有一些褐色
斑紋，而且翅面上散布著一些
褐色鱗片，這些黑褐色鱗片天
氣寒冷時較多。

幼期特徵：卵呈梭形，白色。
幼蟲呈綠色，體側有一條白
線。蛹是縊蛹，身體很纖細，
腹側膨出而頭上有一個小尖
角。

合萌是常見的寄主植物之一。

93

黃槐。

蛹掛在葉片、枝條下。

與近似種的區別：與近似種最容易區分的特徵是成蟲腹面上散佈的褐色鱗片，其他的黃蝶缺乏這樣的鱗片。

寄主植物：已經被查明可以作為黃蝶幼蟲寄主的植物種類很多，包括許多豆科植物、鼠李科植物及大戟科的紅仔珠屬植物。都市裡常用的寄主包括田菁、黃槐、阿柏勒、金龜樹、異柄決明等，郊外常用的寄主包括合萌、鐵刀木、桶鉤藤、紅仔珠等。

生態習性：成蟲喜歡在明亮的環境活動，喜歡訪花，雄蝶會到溼地吸水，有時候會聚集成一大群。卵產在寄主植物的新芽、嫩葉上。幼蟲取食葉片，成熟的幼蟲通常在葉片、枝條下化蛹。

巨褐弄蝶
Pelopidas conjuncta

荒地裡經常會生出成片的高大禾草，像是芒草及象草，而這些禾草叢可以成為一些眼蝶及弄蝶的棲息場所。在這些荒地草叢裡的蝴蝶當中，有一種大型的弄蝶，這就是巨褐弄蝶。巨褐弄蝶原先被認為是分布在南部地區的稀有品種，近年來卻不斷北上，現在己經是全島的市區荒地及近郊地區頗為常見的一種弄蝶了。家住中南部的朋友可能對牠的存在習以為常，但對家住台北或桃竹苗的朋友則可能對牠的到來印象深刻，因為就在不久前的1980年代時，在一些有名的賞蝶地區如烏來、陽明山都還見不到這種體型肥碩的熱帶性弄蝶，現在卻連台北市區內的荒地都能見到牠強勁的飛行姿態。巨褐弄蝶有一個別名，叫作「台灣大褐弄蝶」，不過牠不但不是台灣特有種，而且是分布以東南亞為主的熱帶性蝶種。

巨褐弄蝶體形壯碩。

成蟲特徵：大型弄蝶，身軀強壯肥碩，翅的底色呈茶褐色，前翅有一些黃白色斑紋，後翅背面沒有斑紋，腹面則有幾個細小白點。

幼期特徵：卵呈半球形、白色，底面周圍有一圈透明的扁平細環。卵表有許多細緻的細小縱稜。幼蟲體色很白，身上有許多綠色小點。頭白色，上面有一對黑色圓點及一些黑色斑紋。蛹為縊蛹，身體肥碩，頭上有一根角狀突起。體色為綠色，腹部背側有一對白色線條。

東方晶灰蝶
Freyeria putli formosanus

活躍在荒地及草皮上的許多藍灰蝶類的蝴蝶之中，東方晶灰蝶是最袖珍可又是最可愛的了。牠號稱是全世界最小型的蝴蝶之一，可以和迷你藍灰蝶比美。遠遠看來牠似乎和草地上翻騰飛滾的其他藍灰蝶類看起來很像，但當牠一靜止下來，你若定眼看去便能發現在牠後翅有四枚亮晶晶的斑點排成一列，端地是氣質出眾。東方晶灰蝶有個「台灣姬小灰蝶」的別名，可是牠也不是台灣特有的蝴蝶，而是分布西起尼泊爾，東達澳洲的廣佈種，與分布於阿拉伯半島、歐洲、非洲的西方晶灰蝶東西相對。在台灣南部最容易見到東方晶灰蝶的場所是長著毛木藍的荒地、河堤，在中北部則是在草坪、河床上。

成蟲特徵：小型蝴蝶。翅背面的色彩為褐色，腹面呈淺褐色，上面有排列整齊、兩側鑲白邊的褐色斑。後翅有四枚成一列、帶有金屬色鱗片的黑斑。

幼期特徵：卵呈圓餅狀，表面有細緻的刻紋，卵呈白色。幼蟲綠色。蛹為縊蛹，身體修長而呈淺綠色。

寄主植物：各種豆科木藍屬植物。

東方晶灰蝶是世界上最小的蝴蝶之一。

附著在葉背
的蛹。

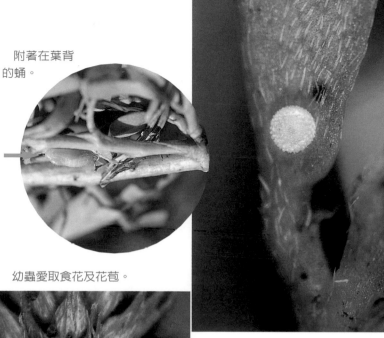

幼蟲愛取食花及花苞。

與近似種的區別：在台
灣地區沒有相似的種
類。

生態習性：成蝶通常在
草叢上低飛，喜歡訪
花。卵產在寄主植物的
花穗、新芽上。幼蟲便
食用花穗、新芽。化蛹
位置多在葉背。

附著在葉片上的卵。

寄主植物——穗花木藍。

99

黃鉤蛺蝶
Polygonia c-aureum lunulata

在都市或受到人為干擾比較嚴重的郊區、鄉間的空曠場所經常會蔓生出大片的葎草。這種草頗為惱人，因為牠的莖、葉上都生滿細小的刺毛，加上葎草是種植被覆蓋度很高的藤蔓，所以常常形成草地上難以穿越的障礙。

黃鉤蛺蝶就是棲息在這種討人厭的雜草叢中的。牠們常在長滿葎草的荒地附近活動，有時候數量很多。牠們的幼蟲習性很有趣，會將葉片的葉脈咬斷之後吐絲作成像斗笠般的巢，幼蟲就棲息在裡面，化蛹也常常在巢中。黃鉤蛺蝶又被稱為「黃蛺蝶」，可以說是荒地、近郊的代表性蝴蝶之一，全島各地的平地及低山只要長有葎草，幾乎都能見到黃鉤蛺蝶。

幼蟲會做出如斗笠般的巢。

正在作
日光浴的黃鉤蛺蝶。

幼蟲全身
長滿棘刺。

100

黃鉤蛺蝶的後翅有白色鉤形紋。

成蟲特徵：中型蝴蝶。翅形參差不齊，背面底色呈橙黃色，上面綴有許多黑色斑點，腹面底色為泥黃色或橙黃色，上面有濃淡不一的褐色紋。後翅中央有一細小的白色鉤形紋。

幼期特徵：卵近於球形，表面有數條縱稜，卵色呈綠色。幼蟲身體底色呈黑褐色，上面有黃色或橙色細環紋，體表密生橙色或黃色棘刺。蛹為懸蛹，細長而在頭上具有一對短角，體色呈淺黃褐色，背側有銀斑。

與近似種的區別：黃鉤蛺蝶與突尾鉤蛺蝶（白鐮紋蛺蝶*Polygonia c- album*）外觀相似，但是突尾鉤蛺蝶後翅尾突較細長，而且翅色顏色較為深色。

寄主植物：只有桑科的葎草一種。

卵。

101

懸吊在巢中的蛹。

生態習性：成蝶常在開闊的草地活潑飛翔，會訪花吸蜜，也會吸食腐果汁液。雄蝶有領域行為，常守住一小塊空地作為其領域。卵通常單獨產在嫩葉葉表。幼蟲棲息在以葉片作成的斗笠狀蟲巢中，取食時離開蟲巢嚙食葉片，進食結束後便回到蟲巢內。成熟的幼蟲在蟲巢中或其他場所化蛹。

纖粉蝶
Leptosia nina niobe

見過纖粉蝶的人很少不喜歡牠優雅輕盈的舞姿及潔白素淨的色彩。牠雖然分布遍及全台灣平地至低中海拔山區，不過在中北部及山區因為合適的寄主植物只生長在森林裡，所以只能在郊外看見，但是在南部地區，則因為荒地上長滿了一種外來植物「平伏莖白花菜」，使得這種可愛的小粉蝶連在都市內都常見得到。平伏莖白花菜也是白粉蝶和一種剛剛才侵入的粉蝶「鑲邊尖粉蝶*Appias olferna peducaea*」的寄主植物，不過白粉蝶和鑲邊尖粉蝶都偏好明亮的環境，纖粉蝶則喜歡有遮蔭的環境。纖粉蝶的前翅有一枚黑色斑點，所以也被叫作「黑點粉蝶」。

成蟲特徵：小型蝴蝶。成蝶翅底色是白色的，前翅有一枚鮮明的黑褐色斑點。後翅腹面佈滿綠色或橄欖色細緻紋路。

幼期特徵：卵形細長，表面有縱稜，卵呈白色而帶有綠色味。幼蟲呈暗綠色，體表密覆無色細短毛。蛹為縊蛹，身體扁平而纖細，腹面凸出。

交尾中的纖粉蝶。

6

菜圃

不論是在都市的角落
或是郊外空地，經常會讓
看不慣土地閒置的人們
拿來種菜，所種的植物
不外是一些常見的蔬菜。這些蔬菜
雖然種類有限，卻常常
數量很多，往往吸引
能利用這些蔬菜作為寄主植物的
一些蝴蝶大量出現。此外，菜圃的
整地作業使得土地適宜一些
先驅植物生長，因此
也有利於另一些以這類植物
為寄主植物的蝶種繁殖。

白粉蝶
Pieris rapae crucivora

白粉蝶又被叫作「紋白蝶」或「菜粉蝶」，牠大概是我們生活周遭最常見的蝴蝶之一了。雖然你一定見過這種翩翩飛舞的白色蝴蝶，不過常見的白粉蝶其實有兩種，一種是後翅有一列黑色斑點的緣點白粉蝶，另一種便是這裡所說的白粉蝶了。雖然兩種蝴蝶都很常見，但在菜圃數量最繁多的還是白粉蝶，這主要是因為一般小菜圃常種的蔬菜當中，甘藍菜、油菜、花椰菜、萵苣等都是白粉蝶幼蟲偏愛的寄主，而牠們的花又被白粉蝶視為好蜜源的緣故。其實，平常我們所說的「菜蟲」，通常指的就是白粉蝶的幼蟲。白粉蝶雖然這麼常見，但牠變得常見只不過是半世紀前的事。在日據時代，雖然有極少數白粉蝶的標本記錄，但當時菜圃常見的蔬菜害蟲其實是緣點白粉蝶，現在常見的白粉蝶至少要到1950年代中期以後才突然變成重要害蟲，有一種說法認為牠是來自日本的外來種，是隨蔬菜不小心被帶進來的，所以牠還有一個別名叫作「日本紋白蝶」。白粉蝶不只是在菜圃附近常見，牠的幼蟲還可以取食一些十字花科及白花菜科的野草，因此其實牠隨處可見，只是數量沒有像在菜園裡那麼多。

.白粉蝶常被稱為「紋白蝶」。

白粉蝶（最前方的那一隻）是全世界有名的蔬菜害蟲，但牠在台灣地區卻是在半世紀前才突然成為重要害蟲的。

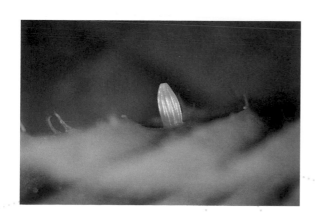

成蟲特徵：中型蝴蝶。成蝶色彩以白色為主，在前翅背面翅端呈黑褐色，翅面上另有兩枚黑斑點。雌蝶前翅背面內側有一大片灰黑色鱗，雄蝶則只有少許灰黑色鱗。翅腹面白或淡黃色。

白粉蝶的卵。

豆波灰蝶
Lampides boeticus

在菜圃裡，人們總愛搭起豆棚，種上各各樣的豆類植物，好比說鵲豆、四季豆等。這些豆類物是豆波灰蝶的最愛，就算你把些豆棚搭在高樓大廈之間，敏銳的豆波灰蝶仍然很快地便能找到並且在豆藤的花上產滿卵，很快地豆棚附近便到處都見得到閃著藍色光朵，活潑飛舞的豆波灰蝶了。豆波灰蝶並不是只吃豆類蔬菜，事實上，郊外常見的許多野生豆科植物，如黃野百合、賽芻豆、田菁等牠都愛吃。牠的幼蟲會蛀進嫩豆莢中，把裡頭的豆子吃掉。由於牠嬌小可愛、數量眾多，所以可以說是田園風光中的一項很好的點綴。

吸水中的豆波灰蝶。

成蟲特徵：小型蝴蝶。翅腹面底色呈灰褐色，上面有白色細紋形成的波狀紋，後翅有一條明顯的白色粗線，外側有一枚黑色小斑，其外側有一條絲狀細尾突。翅背面雌雄不同，雄蝶呈紫藍色金屬光澤，雌蝶底色呈暗褐色，上有閃亮的藍色鱗片。

幼期特徵：卵呈圓餅狀，白色，表面有細緻的刻紋。幼蟲一般呈綠色，體側有模糊的斜紋。蛹呈淺褐色，上有斑駁的黑褐色紋。

與近似種的區別：成蝶後翅的白色粗線是豆波灰蝶最明顯的特徵，分辨很容易。

豆波灰蝶的蛹。

豆莢裡的幼蟲。

寄主植物：以豆科蝶形花亞科植物為寄主，包括許多栽培種豆類植物，也包括不少野生種。

生態習性：成蝶飛翔活潑敏捷，好訪花。卵通常產在花苞、花上，或幼嫩的豆莢上。幼蟲以花苞、花、豆莢為食。成熟的幼蟲會離開豆莢找隱蔽的場所化蛹。

卵通常生在花序上。

7
溝渠邊

現代城市內的溝渠常常加蓋，雖然
外觀看來使都市形貌更加整齊劃一，卻使得
原本在水邊生活的許多生物
喪失了生活的空間，這包括了
螢火蟲、蜻蜓、蜉蝣等，當然
也包括一些蝴蝶和蛾類。不過，近年來
這種境況開始有所改變，人們開始注意到
原來水草豐美的溝渠邊嘹亮甜美的
蛙鳴及蟋蟀歌聲不見了，
水中及水邊熱鬧活潑的各種生物不見了。於是，開始
有了像「瑠公圳」復原這樣的水道復原計畫，以及
「生態工法」的推展。這些行動
雖然沒能完全恢復我們所失去的，但至少
留給生活在水邊的小生命們一隅喘息的空間。

暮眼蝶
Melanitis leda

暮眼蝶又被叫作「樹蔭蝶」,在眼蝶當中體型算是比較大的種類。牠們喜歡出沒在雜草叢生,但卻又比較開闊明亮的場所。在較少受到整理的水溝、渠道邊上常長出許多禾草,其中包括植株高大的芒草及象草。暮眼蝶便愛在這樣的草叢棲息,白天時不大活動,到黃昏便活潑地舞動。當白晝時分偶爾有人或寵物經過草地,便可能驚起一兩隻暮眼蝶,慌張地竄出,不規則地亂飛後,又隱沒在另一處草叢中。牠們時常誤入建築物,在靠近草木茂盛處的住家樓梯、廁所的牆上偶爾可以發現一兩隻。暮眼蝶是平地性的蝶種,在林木茂盛的山區很少見,反而是在人們居住的環境附近比較容易見到。暮眼蝶有另一個有趣的特性,那便是牠的季節及個體變異都十分明顯。春夏高溫期出現的個體翅上有許多眼紋,到了秋冬季整體色彩看起來就像片枯葉了。

冬天的暮眼蝶斑紋像枯葉。

120

夏天的暮眼蝶眼紋多而明顯。

幾個卵產在一起形成卵塊。

成蟲特徵：中型蝴蝶，翅的主要顏色呈褐色，翅背面在前翅有一枚大眼紋，翅腹面有隨季節而生變化的褐色波紋、線紋、條紋以及眼狀紋。眼狀紋在高溫期明顯，低溫期則減退。

幼期特徵：卵呈球形，黃白色，表面有光澤。幼虫呈淺綠色，而有黃色縱條，尾端有一對突起。頭的形狀接近方形，頭上有一對棒狀突起，突起上有稀疏的毛。頭呈綠色，兩側有白線，白線內側有變異很大的黑紋，有的黑紋很少，有的則幾乎佔滿了整個頭部。蛹是懸蛹，全身圓而平滑，顏色淺綠。

長角的幼蟲。　　　　　　　　　　　　　　蛹懸吊在葉片下面。

與近似種的區別：暮眼蝶和主要分布在森林中的森林暮眼蝶（黑樹蔭蝶*Melanitis phedima*）十分相似，最明顯的差別是暮眼蝶前翅的大眼紋中間的白點位於中央，而在森林暮眼蝶則靠外側。

寄主植物：各種禾本科植物。

生態習性：成蝶在清晨及傍晚時分活動，陰天時則可在白天出現，好吸食腐果汁液。卵通常數個成一塊產在葉背。幼蟲棲息在葉背，取食葉片，幼時有聚集性，大幼蟲則分散生活。成熟幼蟲通常在寄主葉背化蛹。

稻眉眼蝶
Mycalesis gotama nanda

眉眼蝶類又被稱為「小蛇目蝶」類，在台灣地區一共有7種，不過能夠適應各種環境而到處都常見到的只有稻眉眼蝶及眉眼蝶（小蛇目蝶）兩種，前者色彩比後者來得淺，棲息的環境也比後者明亮。稻眉眼蝶喜愛出沒於禾草繁茂的場所，又偏好在稍有遮蔭的植株產卵繁育下一代，因此水溝兩旁常成為適合稻眉眼蝶出沒的地方。水稻田因為環境條件也很類似，所以過去農藥施得少的年代，稻眉眼蝶發生的數量有時候會很多，幼蟲便成為水稻害蟲之一。除此之外，荒地、河床等都是眉眼蝶常見的棲所。稻眉眼蝶的別名叫作「姬蛇目蝶」。

成蟲特徵：中小型蝴蝶。翅的底色是淺褐色的，背面在前翅中央有一枚大眼紋，腹面外側有一列眼紋，高溫期較大而低溫期較小，翅中央有一條淺色條紋。

幼期特徵：卵呈球形，黃白色，表面有光澤。幼蟲有綠、褐色兩型。頭頂有一對短角，頭上有淺褐色及深褐色斑紋，組成很可愛的花紋，乍看之下有點像世界知名的珍稀動物「小貓熊」的模樣。蛹是懸蛹，呈綠或褐色，上面有細小的白色斑點及細紋。

稻眉眼蝶是平地常見的眼蝶之一。

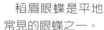

123

懸掛在草叢中的蛹。

與近似種的區別：和稻眉眼蝶最相似的是淺色眉眼蝶（*Mycalesis sangaica*），但是淺色眉眼蝶翅腹面散滿暗色的細小線紋，稻眉眼蝶則沒有。另外，淺色眉眼蝶後翅背面有三叢黑色長毛束，稻眉眼蝶則毛束顏色與翅面底色相同而不明顯。

寄主植物：許多種禾本科植物。

卵。

生態習性：成蝶通常只在草叢附近活動，不會飛高，飛行姿態很活潑，飛起來有點像是在跳躍。成蟲喜歡吸食腐果、樹液，很少吸食花蜜。卵是聚產的，數個作一塊附著在葉背。幼蟲取食葉片，幼小時棲息在葉背，長大後喜歡頭下尾上停棲在莖上。成熟的幼蟲通常在葉背化蛹。

幼蟲造型十分可愛。

125

禾弄蝶
Borbo cinnara

禾弄蝶恐怕是台灣地區平地最常見的弄蝶之一了。別看牠又小又不起眼，牠可是由大名鼎鼎的生物地理學之父「華萊士」所命名的呢！其實，台灣寶島的蝴蝶資源雖然聞名已久，卻很少人知道翻開台灣蝴蝶研究歷史第一頁的，便是華萊士和著名鱗翅學學者摩爾於1866年發表的一篇論文，其中便包含了禾弄蝶的命名記載。也許就是因為禾弄蝶最初是在台灣被發現的，因此牠便有了「台灣單帶弄蝶」的別稱。不過，禾弄蝶與常被稱為單帶弄蝶的稻弄蝶類（*Parnara*）關係並不近，這從牠們的蛹的形態便很容易看出來。禾弄蝶的蛹頭上有角而身體呈綠色，和褐弄蝶類（*Pelopidas*）及孔弄蝶類（*Polytremis*）比較接近，而稻弄蝶類的蛹沒有角，體呈褐色，和禾弄蝶關係比較遠。在台灣地區以禾草寄主的弄蝶之中，禾弄蝶對環境及寄主種類最不挑剔，不分季節及場所，似乎只要有禾草便會有牠的蹤影。溝渠邊因為水分充足，往往會密生禾草，因此也就很容見到許多禾弄蝶。牠們常常輕快地在花間草叢追逐穿梭，日本人覺得牠們黑忽忽的，而且又安靜地出沒在花草間，於是給牠取了個有趣的名字，叫牠 「幽靈弄蝶」。

禾弄蝶的卵是象牙色的。

幼蟲頭上的斑紋頗多變異。

吸蜜中的禾弄蝶。

禾弄蝶是最常見的弄蝶。

禾弄蝶的蛹。

成蟲特徵：小型蝴蝶。翅底色呈褐色，前翅中央有三個白斑排成一列，翅頂內側有三個小白點，其中最後方的一個向外偏。後翅腹面中央有一列半透明黃白色斑紋。

幼期特徵：卵半球形，象牙色，表面有光澤，幼蟲淺綠色，背中央有一對粗白線，側面有一細白線。頭呈淺黃褐色，上有一對成「八」字形的白條，有時在白條外還有一些黑紋。蛹是縊蛹，細長而在頭頂有一個角狀突起。身體呈淺綠色，腹部有4條細白線。

與近似種的區別：與禾弄蝶外觀類似的弄蝶種類很多，禾弄蝶最主要的鑑識特徵是前翅翅頂內

日本人稱禾弄蝶為「幽靈弄蝶」。

側的三個白點中最靠後面的一個明顯向外偏而且中央的三枚白斑的後方還有一枚黃白色不透明斑紋。

寄主植物：各種禾本科植物，包括許多被人統稱作雜草，以及充作草皮的種類。

生態習性：成蝶通常在光線比較明亮的場所活動，愛訪花。卵單獨產在葉片上，幼蟲會把葉片捲起來作成筒狀巢躲在裡面，只在取食時外出。成熟的幼蟲通常就在寄主葉背化蛹。

8
河邊湖邊

都市中及近郊附近的河流、池沼和湖泊，

通常位在河川的下游，

由於水流緩慢，水邊的土壤容易吸納水分，

使得岸邊除了柳樹之類根部耐水的樹木之外，

不容易長出林木。

因此常常形成開闊而陽光充足的生態環境，

其中則長滿喜愛光線而又偏愛水分較多的環境的草本植物，

這些植物之中有好些可以成為蝴蝶的寄主植物或蜜源，

像是各式各樣的禾本科草本植物及水簑衣，

都常有蝴蝶造訪。

眼蛺蝶
Junonia almona

眼蛺蝶在翅的背側有許多像是眼睛一般的花紋，可以用來嚇走想捕食牠的天敵。牠最有趣的地方是高溫期和低溫期出現的個體的翅形和腹面的斑紋非常不同，春、夏季氣溫高時 翅腹面有許多眼狀紋，大概是在春夏綠意盎然的背景下，黃褐色的眼蛺蝶不容易躲藏，因此演化出許多眼紋來加強對天敵的威嚇，到了秋風舞落葉的時節，出現的眼蛺蝶的翅形便顯得稜角分明而翅腹面色彩則變得像是片枯葉，在滿目枯黃的秋冬時節，有很好的隱藏效果。眼蛺蝶原來最常利用的寄主植物是長在河灘、湖濱及水田附近的旱田草，有時數量很多，使得以前有人曾經誤會牠為害水稻。近年來造景時經常會設計水潭、池塘，而在水邊栽種一些挺水植物，在這些植物當中，原生而近年來大受歡迎的大安水簑衣及外來的異葉水簑衣都是眼蛺蝶喜愛的寄主植物，使得眼蛺蝶除了在河邊、湖畔仍舊常見之外，也能夠在都市一隅找到立身之地。眼蛺蝶翅背的眼紋又大又漂亮，所以有人覺得牠像孔雀羽毛般豔麗，因此把牠叫作「孔雀蛺蝶」，也

高溫期的個體翅形輪廓比較圓，翅腹面配有明顯的眼紋。

　　眼蛺蝶的翅背面有許多彷彿眼睛的眼狀紋。

有人因為這些眼紋像眼睛，而把牠稱為「擬蛺蝶」。

成蟲特徵：翅的底色以明亮的黃褐色為主，背面綴有大小不一的眼狀紋，以後翅前方的眼紋最大。腹面在高溫期有眼紋，低溫期則沒有。翅形在低溫期較高溫期稜角明顯。

幼期特徵：卵球形，綠色，表面有縱稜，單獨產在寄主植物上或附近。幼蟲身體表面有許多棘刺，體色以褐色為主，在胸部有兩個淺色

環。蛹是懸蛹，身體肥短，表面有斑駁的花紋。

與近似種的區別：成蟲在台灣地區沒有相像的種類，幼蟲胸部的淺色環是明顯特徵，不難分辨。

寄主植物：造景常用的大安水簑衣及異葉水簑衣是合適

眼蛺蝶的卵晶瑩美麗。

低溫期的個體翅形稜角分明，而且腹面斑紋色彩有如枯葉。

眼蛺蝶的幼蟲
胸部的淺色環是
牠的特徵。

附著在大安水簑衣植株上的眼蛺蝶蛹。

的寄主，荒地上常用的則是旱田草。

生態習性：成蝶喜歡在明亮開闊的場所活動，愛訪花吸蜜。
雌蝶產卵時雖然也會產在寄主植物上，但也常常產在寄主植物附近
的其他植物或土壤、石塊等雜物上，讓孵化出來的幼蟲自行找尋寄主的所
在位置。

135

尖翅褐弄蝶
Pelopidas agna

褐弄蝶屬*Pelopidas*和一些外形相近的弄蝶如禾弄蝶屬（*Borbo*）、假禾弄蝶屬（*Pseudoborbo*）、稻弄蝶屬（*Parnara*）、孔弄蝶屬（*Polytremis*）及黯弄蝶屬（*Caltoris*）外觀相似，令許多觀察蝴蝶的人頭疼不已，不過其實牠們都有偏好的生態環境及固定的形態特徵，只要用心觀察，分辨並不困難。尖翅褐弄蝶是褐弄蝶屬當中數量最多、最常見的一種，不過牠的數量在一年的不同時節變動很大，通常數量最繁多的季節是在秋季，當秋老虎發威時，河邊、湖邊茂盛的禾草上常出現許多尖翅褐弄蝶的幼蟲，而附近的野草如咸豐草、馬纓丹、長穗木的花上常有許多成蝶吸

蜜。尖翅褐弄蝶的成蝶雖然其貌不揚，牠的幼蟲卻十分可愛，尤其是牠的頭上擁有紅色的「八」字紋，精緻討喜。由於尖翅褐弄蝶選擇幼蟲寄主不是很挑剔，所以只要長有禾草的場所便有機會見到牠，只不過尖翅褐弄蝶傾向偏好開闊明亮的環境，因此在河、湖邊及水田、草地等開放空間比較容易見到。

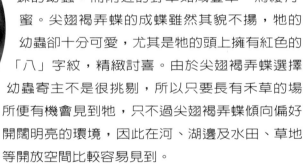

幼蟲最明顯的特徵是頭上的八字形紅紋。

蛹體相當細長。

成蟲特徵：小型蝴蝶。前翅翅端很尖。底色呈褐色，前翅背面有一些白紋，雄蝶在後側有一條斜行細線，雌蝶在相應位置則只有兩枚小白點。翅腹面除了前翅的斑紋外，在後翅有排成環狀的白點，中心另有一小白點。

幼期特徵：卵半球形、白色。幼蟲充份成長後身體呈黃綠色，體表有一些淺色細線紋。頭呈綠

尖翅褐弄蝶前翅翅端很尖。

尖翅褐弄蝶卵
的顏色很白。

色，上面有鑲白邊的紅線紋呈「八」字狀。蛹體細長，頭上有一角狀突起，體呈淺綠色，腹部有四條細白線。

與近似種的區別：和尖翅褐弄蝶最相像的是褐弄蝶（*Pelopidas mathias*），但褐弄蝶前翅翅形沒有那麼尖，而且雄蝶前翅中央的兩枚小白點如果用一條假想線連結並向後延伸會穿過後側的細斜線，而尖翅褐弄蝶則不會。

寄主植物：各種禾本科雜草。

生態習性：成蝶飛翔靈敏快捷，喜歡在開闊的場所活動、吸蜜。卵通常單獨產在葉片上。幼蟲會摺葉成巢並取食葉片。成熟的幼蟲在葉背化蛹。

9
濕地

當先民來到亞熱帶的台灣寶島時，
其實整個台灣西部平原到處都布滿了沼澤及溼地，
肥沃的土壤誘使先民一批批到來並開墾經營，
逐漸地，片片沼澤便被阡陌縱橫的農田取代了。不過，
至少在幾十年前國民經濟飛速發展之前，
我們的周遭仍不乏溼池、池沼。
就連人煙稠密冠於全台的台北市，
直到二十世紀七十年代都還布滿草澤和水塘，處處生機，
白天水邊蜻蜓、豆娘隨處可見，夜晚流螢在星空下閃耀。
七十年代之後，都市化與工業化腳步加速，
溼地逐漸從我們的眼簾中消逝，
現在都市裡只有在一些殘存的角隅和市郊還仍有一些溼地，
其中一部分遭受到廢水排放的污染，已經失去了活力，
但是仍然有水質很好的溼地，依舊生機蓬勃。

小黃星弄蝶
Ampittia dioscorides etura

就算是平日愛觀察自然的人也很少注意到這種袖珍小弄蝶。牠雖然數量並不少，但是棲息在特定的生態環境，加上體型小，使得牠不容易被發現。小黃星弄蝶在日據時代記錄極少，後來甚至幾十年沒有觀察記載，使得查閱蝶類相關資料的人常會有牠是一種稀有蝴蝶的錯覺。其實，造成過去有關小黃星蝶資料很少的原因之一卻是：牠和我們太接近了！小黃星弄蝶主要棲息在平地及低山丘陵潮溼而又光線充足的場所，包括淡水性沼澤溼地、水溝邊、池塘邊、小溪邊等，最重要的條件是必須有牠的寄主李氏禾生長，而由於李氏禾通常長在水質比較好的地方，所以連帶地小黃星弄蝶的存在也可以間接暗示水質不差。小黃星弄蝶又被叫作「小黃斑弄蝶」，不過牠和真正的黃斑弄蝶類*Potanthus*關係並不近。

成蟲特徵：小型蝴蝶，翅的顏色褐底黃斑，雄蝶的黃斑遠較雌蝶多而明顯。

幼期特徵：卵呈半球形，表面有許多細小的縱走稜線，顏色呈黃色。幼蟲呈綠色，頭上有一對成「八」字形的淺紅色斜紋。蛹是懸蛹，細長且在頭頂有一對扁扁的小突起。

小黃星弄蝶雄蝶黃斑較多。

附著在葉上的蛹。

140

幼蟲。

產在葉片上的卵。

小黃星弄蝶雌蝶只有少許黃斑。

與近似種的區別：雄蝶的翅背面和黃斑弄蝶類相似，雌蝶則和黃星弄蝶（狹翅黃星弄蝶*Ampittia virgata*）相像，不過小黃星弄蝶的體型比這些種類都來得小，而且翅腹面斑駁的斑紋也不像這些種類。

寄主植物：李氏禾。

生態習性：成蝶通常只在幼蟲寄主植物生長的場所附近活動，好訪花，飛行敏捷活潑。卵產在葉片上。幼蟲取食葉片，並用葉片作成筒狀巢。成熟的幼蟲作成蟲苞而藏在裡面化蛹。

141

小稻弄蝶
Parnara bada

溼地環境經常長著許多種禾草，而這些禾草便可以成為一些蝴蝶利用的寄主植物，其中，小稻弄蝶便是很常見的一種。另一種棲息在溼地的弄蝶—小黃星弄蝶因為寄主植物範圍狹窄，因此只能在特定的地方出現，小稻弄蝶則不然，牠所能利用的禾本科植物種類很多，使得牠隨處可見。在台灣地區，和小稻弄蝶同屬的還有稻弄蝶（單帶弄蝶*Parnara guttata*），由於稻弄蝶在日本、大陸等地是有名的水稻害蟲，因此過去在台灣地區的水田裡為害水稻的稻苞蟲常被認為是稻弄蝶，不過，稻弄蝶在台灣地區其實很少見，水田裡的稻苞蟲多半便是小稻弄蝶。小稻弄蝶又被稱為「姬單帶弄蝶」。

成蟲特徵：小型蝴蝶，翅底色呈褐色，前翅中央有三枚黃白色小斑排成一列，翅頂內側有兩個黃白色小點。後翅中央有兩枚黃白色小點。

幼期特徵：卵呈半球形，灰白色。幼蟲身體淺綠色，頭灰白色，上面有褐色細紋。蛹呈淺黃褐色，表面覆蓋著白色粉狀代謝物。

與近似種之區別：和小稻弄蝶最相似的是禾弄蝶（*Borbo cinnara*），最明顯的分別是禾弄蝶前翅中央斑列後方有一枚不透明黃白色小紋，而小稻弄蝶則沒有。

蛹巢被打開後露出來的蛹。

142

葉片上的卵。

吸蜜中的小稻弄蝶成蟲。

寄主植物：禾本科植物，常用的有李氏禾、稗草、水稻等。

生態習性：成蝶飛行靈敏活潑，喜歡訪花吸蜜。卵單獨產在葉上。幼蟲捲葉成巢，取食葉片。成熟幼蟲作成封閉的蟲苞在內化蛹。

在水稻上的幼蟲。

143

10
海邊

海邊的生態環境和植物相有許多特點，
常常生長著一些耐鹽或其他生態環境不常見的植物，
也正由於環境條件特異而嚴苛，
所以雖然植物種類特別，
但是整體上種類並不多，
連帶地也使得
棲息在海邊的蝴蝶種類也不多，
不過，
種類少不代表不精采，
事實上，
在海邊飛舞的蝴蝶常是漂亮而優雅的。

大白斑蝶
Idea leuconoe

大白斑蝶可能是人們最熟悉的蝴蝶之一，這是因為牠們體型大，飛翔優雅，色彩醒目，又不怕人，因此被認為是最適合當成觀賞蝶的蝴蝶種類之一，所以雖然大白斑蝶原本只棲息在海邊，現在在台灣各地的公、私立活體昆蟲園或蝴蝶園之中，大白斑蝶幾乎已經成為不可或缺的角色了。在自然界，大白斑蝶通常只棲息在海岸林內，由於牠的幼蟲取食夾竹桃科植物，使得牠體內帶有毒性而使鳥、蜥蜴等天敵對牠敬而遠之，因此牠生活史中的許多階段都有警告天敵的警戒色，牠的幼蟲身上形成明暗相間的環紋，有點兒像是「斑馬線」，可以讓天敵誤食中毒後容易記住教訓。牠的蛹金光四射，明顯帶有警示作用。成蝶白色的翅在樹林中本來就很顯眼，加上牠飛翔緩慢，便顯出一付對天敵有恃無恐的模樣。大白斑蝶因翅上有黑色斑點，所以又叫作「黑點大白斑蝶」或是「大胡麻斑蝶」，又因為牠飛的慢，又有人叫牠作「大笨蝶」。大白斑蝶在台灣地區原來的分佈分為東北角、南部、蘭嶼、綠島四個地區，彼此間有相當明顯的形態、遺傳分化，因此在利用大白斑蝶作為觀賞蝶時要小心

大白斑蝶的
卵形狀像是一
枚砲彈。

幼蟲色彩鮮艷，
形態奇特。

大白斑蝶。

不讓人工培養的蝶隻外流，導致原本有自己演化歷史與方向的族群基因庫受到污染。家住北部的朋友觀看大白斑蝶最好的地方在東北角龍洞一帶，南部的朋友則是墾丁公園。

成蟲特徵：大型蝴蝶。成蝶翅底色為白色，上面綴有許多大小不一的黑色斑點。

幼期特徵：卵呈砲彈形，表面有排成縱列的刻紋，黃白色。幼蟲體上有數對肉鞭，體色依產地而不同，有的底色全黑，有的則黑白相間，體側均有紅色斑紋。蛹是懸蛹，呈金黃色，上面綴有一些黑色斑紋及斑點。

與近似種的區別：在台灣地區沒有形態相似的種類。

寄主植物：夾竹桃科之爬森藤。

大白斑蝶的寄主爬森藤及幼蟲的食痕。

大白斑蝶的蛹。

生態習性：因為大白斑蝶的寄主只生長在海岸珊瑚礁林，因此大白斑蝶通常只棲息在海邊，不過因為牠翅形寬大，有時可以乘氣流逛到離海岸較遠的地方，例如台北市內在蝴蝶園經營還沒有出現之前，便有時可以見到藉自然方式到來的個體。卵單獨產在葉背，幼蟲取食葉片，化蛹在寄主或附近的其他植物上。

莧藍灰蝶
Zizeeria karsandra

在台灣的蝴蝶當中，莧藍灰蝶的中文俗名的舊名大概是教人最大惑不解的了。牠是一種分布遍及歐、亞、非、澳四大洲，又沒什麼地理變異的蝴蝶，而牠最初是在北印度被發現、命名的，可是牠從前居然被稱為「台灣小灰蝶」呢！早期國內常直譯蝴蝶的日文名充作中文名，不過日人也沒有把莧藍灰蝶叫作台灣小灰蝶，而是針對牠一般棲息在海邊的特性，將牠叫作「濱大和」灰蝶，教人搞不清中文名錯誤是怎麼產生的。

最容易觀察莧藍灰蝶的方式是查看各種莧草，牠的成蝶常在附近活動，卵、幼蟲也常能在花序及葉片上看見。莧草是適應力很強的外來植物，除了海邊之外在任何光照良好的場所都能生長，連都市內的房舍邊的牆縫、停車場地上的土縫都有，所以現在除了北部冬季較冷的地方之外，其他地區的平地都不難見到莧藍灰蝶。不過正因為莧草是外來植物，莧藍灰蝶原先的分布一定不像現在這麼廣泛，牠原來應該是一種只棲息在海邊的蝴蝶，而在海邊牠的幼蟲寄主則是一種沙灘植物——蒺藜。蒺藜植株上常有許多莧藍灰蝶飛舞，成蝶從牠黃色的花中吸蜜，幼蟲就取食牠的嫩葉。

成蟲特徵：小型蝴蝶。翅腹面為褐底黑斑，背面底色為黑褐色，雄蝶有大片紫藍色亮鱗，雌蝶的紫藍色鱗則很少。

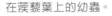
在蒺藜葉上的幼蟲。

150

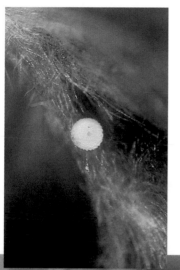

產在莖葉上的卵。

幼期特徵：卵呈圓餅形，淺綠白色，表面有緻密的刻紋。幼蟲呈綠色或紅褐色。蛹是縊蛹，呈淡綠色而有黑色斑紋。

與近似種的區別：和莧藍灰蝶最相似的便是以黃花酢醬草為寄主的藍灰蝶（沖神小灰蝶*Zizeeria maha*），不過莧藍灰蝶翅上的藍色鱗色調較暗，而且前翅腹面中央的弧形斑列顏色比外緣斑列色彩要來得暗，在藍灰蝶則色調相同。

莧藍灰蝶在中南部很常見。

寄主植物：蒺藜科的各種蒺藜及莧科的各種莧草。

生態習性：成蝶一般在長有幼蟲寄主植物的草叢附近低飛、訪花。卵單獨產在葉背或花序上，幼蟲便取食花序及葉片，取食葉片時常吃掉葉肉及下表皮，只留上表皮。成熟的幼蟲通常在土縫間、石塊下化蛹，也時也會在葉背化蛹。

蒺藜是濱海地區的常見寄主植物。

薑弄蝶
Udaspes folus

海岸邊的草叢中常常長著植株高大、葉片厚實，花朵帶著薑汁香氣的月桃，如果你注意看月桃一串串造形奇特而鮮艷的花，便有機會見到薑弄蝶的造訪。薑弄蝶是一種十分漂亮的弄蝶，在黑褐色的翅上綴著有許多白色花紋，而且在弄蝶當中體型算是相當大的。由於翅面上的白色花斑在弄蝶類中很少見，因此薑弄蝶又被稱為「大白紋弄蝶」。

薑弄蝶的卵形狀像只倒扣的碗。

雖然薑弄蝶的寄主月桃也常是另一種弄蝶「袖弄蝶*Notocrypta curvifascia*」的寄主，但在山區很少能見到薑弄蝶，袖弄蝶則很常見。在海邊則情形相反，袖弄蝶很少見，而薑弄蝶很常見。也正是因為薑弄蝶喜歡光線充足的場所，所以在受人為干擾程度較大的市區及近郊也比較容易見到。

成蟲特徵：中小型蝴蝶，但在弄蝶之中屬於中大型弄蝶。翅底色呈黑褐色，翅面上有大小不一的白色斑塊，其中以後翅中央的斑塊最大。

薑弄蝶翅上有許多白紋。

153

附著在葉背
的蛹。

幼蟲的頭整個是
黑色的。

154

幼期特徵：卵呈覆碗狀，暗紅褐色。幼蟲表皮半透明，體內透出綠色。頭色黝黑。蛹是縊蛹，身體細長，淺綠色，頭頂有一尖銳的角狀突起。

與近似種的區別：成蟲的花紋在台灣地區沒有近似的種類。幼蟲與其牠以薑科植物為寄主的弄蝶幼蟲形態相似，但薑弄蝶幼蟲的頭從孵化一直到化蛹都呈黑色，其他的種類則長大之後頭上都有明顯的灰白色斑紋。

寄主植物：各種薑科植物。

生態習性：成蝶喜愛在光線充足的場所活動，好訪花。卵產在葉片上。幼蟲會摺葉作巢，以葉片為食。成熟的幼蟲在葉背化蛹。

幼蟲的巢。

11

近郊小山

都市附近生態環境最好的地方通常是鄰近的郊區小山、丘陵。

近郊的山丘上常常仍然有著許多綠地、樹林，

生長著種類繁多的花草樹木，

而植物的多樣性高通常也就意味著蝴蝶及其他昆蟲的多樣性高。

事實上，就算小山鄰近人口稠密的都市，

甚至就位在都市裡面，山上仍然常有許多蝴蝶棲息著，

而許多在都市裡棲息的蝴蝶在近郊山區也能見到。

黃星斑鳳蝶
Chilasa epycides melanoleucus

般而言，在台灣地區的平地及近郊低山棲息的蝴蝶多半是熱帶、亞熱帶性的種類，也就是說，通常一年會有許多世代發生。一年只有一世代的情形通常是對溫、寒帶季節變化明顯的地區所生的演化適應。然而在台灣地區，有些一年一世代的物種卻可以在接近平地的近郊發現，黃星斑鳳蝶便是其中很有趣的一種。黃星斑鳳蝶又叫作「黃星鳳蝶」，雖然牠是

黃星斑鳳蝶斑紋看起來像
是斑蝶，而不像是鳳蝶。

幼蟲在小的時候有
明顯的聚集性。

一種鳳蝶，可是牠的翅形寬闊渾圓，搭配褐底黃斑的顏色，看起來就像是有毒或難吃的斑蝶。黃星斑鳳蝶飛翔的姿態也像斑蝶。因為這些特性，黃星斑鳳蝶的成蝶被認為有可能擬態斑蝶以避免來自天敵的攻擊。黃星斑鳳蝶原本在一些樟科植物生長繁茂的近郊地區並不罕見，但是許多原本黃星斑鳳蝶數量豐富的地方現在卻失去了牠的蹤影，這大概和近郊生態環境惡化有關。

成蟲特徵：中型蝴蝶。身體黑底白斑。翅形寬而圓，翅底色呈暗褐色，上面有淺黃色的斑點及條紋。

幼期特徵：卵呈球形，最初呈綠色，後來轉變成暗紅色。幼蟲小時呈褐色，成長後呈綠色而有黑色線紋、黃色條紋及藍色圓斑，十分漂亮。臭角呈淡黃色。蛹是縊蛹，形態酷似一截末端折斷的樹枝。

蛹的形
態酷似一
截折斷的
樹枝。

黃星斑鳳蝶的卵是聚產的。

與近似種的區別：沒有形態近似的種類。

寄主植物：樟科植物，近郊常見的有樟樹、大香葉樹、山胡椒等。

生態習性：黃星斑鳳蝶是只在春天出現的蝴蝶，成蝶飛翔緩慢，喜愛訪花。雄蝶愛在樹冠上作領域佔有，而且會到濕地吸水。卵數十個作一塊產在葉片背面，幼蟲在小時候有明顯的聚集性，食用葉片。成熟的幼蟲離開寄主植物化蛹，隨即以蛹的形式休眠，到來年春天才羽化。

紅珠鳳蝶
Pachliopta aristolochiae interposita

許 多人心目中的典型蝴蝶，就是色彩鮮艷、體形大，後翅拖個「鳳尾」，而翩翩飛舞的鳳蝶。紅珠鳳蝶可以說就是十分符合這種典型的種類。紅珠鳳蝶又被稱為「紅紋鳳蝶」，是許多種以馬兜鈴類植物為寄主植物的鳳蝶之一，由於馬兜鈴類植物含有有毒成份「馬兜鈴酸」，因此這類蝴蝶不怕捕食性天敵。原先這類蝴蝶在各地郊野並不罕見，但是隨著一片片原野變成了社區、工業區，這些蝴蝶便日益減少了。不過這些取食馬兜鈴的鳳蝶因為太吸引人們的目光，因此便也成為人們首先想保護、復育的對象。今天，紅珠鳳蝶及其他以馬兜鈴為寄主的鳳蝶除了在馬兜鈴依舊存在的郊外可以見到之外，許多私人經營的蝴蝶園，甚至公園、校園都有刻意經營的馬兜鈴園用來培育這些鳳蝶。

成蟲特徵：中型蝴蝶。成蝶體色以黑色及紅色為主。翅底色呈黑色，後翅有細長的尾

紅珠鳳蝶的幼蟲在身體中央有一條白色橫帶。

色彩鮮艷的卵。

紅珠鳳蝶優雅而嬌艷，符合人們心中鳳蝶的形象。

突，腹面外側有一串桃紅色圓斑，翅中央有四枚白紋。翅背面斑紋與腹面相似，但是在紅紋的
相應位置的斑紋顏色相當黯淡。

幼期特徵：卵形近於球形，表面覆蓋著凹凸不平的顆粒狀物質。卵的顏色呈暗紅色。幼蟲體表
有許多肉突，臭角短而呈橙黃色。幼蟲小時候呈紫紅色，成長後顏色很黑，腹部有一條白色環
帶。蛹是縊蛹，形態奇特，腹部有兩排板狀突起，胸部兩側有耳狀突起。

與近似種的區別：色彩上與紅珠鳳蝶相近的有玉帶鳳蝶（*Papilio polytes*）的紅斑型及多姿麝鳳蝶（大紅紋鳳蝶*Byasa polyeuctes termessus*）。紅珠鳳蝶身上有紅斑，玉帶鳳蝶的身體則呈黑色。多姿麝鳳蝶的翅形比較細長，後翅的紅斑呈波狀，而且尾突當中還多了一枚紅斑。

寄主植物：各種馬兜鈴科馬兜鈴屬植物。

生態習性：成蝶飛翔緩慢，愛在陽光充足的場所活動，喜歡訪花。卵單獨產在寄主植物上或是附近的其牠物體上，幼蟲取食葉片。化蛹在寄主植物或附近其他物體上。

胸部側面的耳狀突起是紅珠鳳蝶蛹的特徵。

卵表覆蓋著雌蝶
塗敷上去的
長毛。

去掉長毛後的卵

瑟弄蝶是台灣特有的弄蝶

台灣瑟弄蝶
Seseria formosana

在談論生物保育時，有一項議題是經常受到重視的，那便是特有物種的保護。這主要是因為特有物種代表著分布狹隘而獨特的基因庫及生物特性，因而格外珍貴。台灣瑟弄蝶便有著這樣的價值，牠雖然體型小而不起眼，但是牠卻是一種全世界只有台灣才有的特有種，而且牠在其他地區的同屬親戚後翅都有明顯的白色斑紋，只有台灣瑟弄蝶的後翅沒有白斑。雖然台灣瑟弄蝶是特有種，但是牠的數量並不少，在各地郊外、樹林邊都不難見到，有時甚至可以在城市裡的校園、公園見到。台灣瑟弄蝶也被稱為「大黑星弄蝶」，不過牠和黑星弄蝶 *Suastus gremius* 關係很遠。

成蟲特徵：中小型蝴蝶。翅底色呈褐色，前翅有一些小白斑，後翅則有一些小黑紋。

幼期特徵：卵單獨產在葉片上，表面覆蓋有肉色長毛。幼蟲呈綠白色，頭呈黑褐色，上面密佈淺褐色毛。蛹是縊蛹，蛹呈褐色，在胸部前方有一對耳狀突起，頭中央有一短角。

小幼蟲做的巢。

與近似種的區別：在台灣地區翅呈褐色，前翅有白斑而後翅有黑紋的除了台灣瑟弄

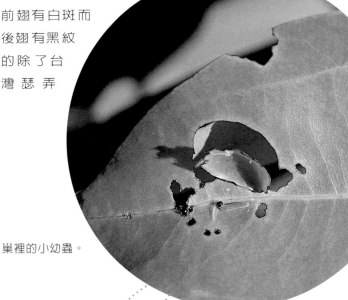

巢裡的小幼蟲。

蝶以外只有黑星弄蝶，但是兩者前翅的白斑排列差別很大，而且黑星弄蝶只有後翅腹面有黑紋，台灣瑟弄蝶則背腹兩面都有。

寄主植物：各種樟科植物。

幼蟲頭上密被細毛。

生態習性：成蝶飛行速度不快，靜止時翅平攤兩邊，好訪花，也愛吸食鳥糞，雄蝶會吸水。卵單獨產在葉片上，雌蝶會將腹端的毛抹在卵表來保護卵。幼蟲會作巢，並會在巢周圍留下孔空隙，有利空氣流通。化蛹也在巢中進行。

蛹的造形十分奇怪。

◀ 近郊蝴蝶 ▶

黑星灰蝶
Megisba malaya sikkima

黑星灰蝶是一種不分季節,不分地區,處處可以見到的可愛小蝴蝶。牠們雖然看來纖弱渺小,但是對棲息環境的選擇並不太嚴格,只要有適合牠利用來作為幼蟲食物的資源,牠們就算是在都市內也見得到。牠們的幼蟲取食某些植物的花、果,所以牠們的出現取決於這些植物的開花期。有些地方會因為特定植物開花而冒出很多黑星灰蝶,等花期過了便又消失無蹤。黑星灰蝶有個「台灣黑星小灰蝶」的別名,但是牠學名中的種小名指的卻是「馬來亞」,亞種名指的則是「錫金」。牠們在郊外十分常見,尤其是在秋季,常常成群出現在寄主植物的花序上,或是在潮溼的地面上吸水。

產在桶鉤藤花苞上的卵。

成蟲特徵:小型蝴蝶。成蝶翅背面是黑褐色,腹面則呈白色而在翅面上有淡褐色及黑色小斑點。後翅有一細小的尾突。

黑星灰蝶幼蟲的主食是花及花苞

交尾中的黑星灰蝶。

167

幼期特徵：卵呈圓餅狀，表面有細密的刻紋，卵色呈白色。幼蟲身上有明暗交錯的花紋。蛹是縊蛹，呈淡褐色，上面有斑駁的深褐色斑點。

與近似種的區別：在台灣地區斑紋和黑星灰蝶相像的種類後翅都沒有尾突，因此不難鑑別。

寄主植物：多種木本植物，尤其喜歡大戟科的桐屬植物及鼠李科的桶鉤藤。

在落葉下的蛹。

桶鉤藤。

生態習性：卵產在花序上。幼蟲蛀食花苞、花、幼果，常有螞蟻前來吸取牠身上分泌的蜜露並提供保護。化蛹時離開花序。

桶鉤藤上的幼蟲。

169

異色尖粉蝶
Appias lyncida formosana

許多蝴蝶具有生物學上所稱的「雌雄二型性」，這指的是雄性和雌性個體在形態上有明顯的差異。一般來說，擁有雌雄二型性的蝴蝶，常常是雄性色彩鮮豔、明亮而雌蝶則黯淡不顯眼。這是因為在蝴蝶的世界裡，許多種類的雄蝶往往交配完不久就死去，因此希望藉鮮明的色彩爭取異性的青睞，雌蝶則肩負繁育後代的重任，懷抱的卵使其身軀較為笨重，為了逃避天敵注意，因此色彩較不鮮豔。異色尖粉蝶便是很好的例子，牠的雄蝶翅呈明亮的白色，

異色尖粉蝶雌蝶色彩主要是黑褐色的。

成列產下的卵。

十分醒目,雌蝶則大體上呈黑褐色。異色尖粉蝶在郊外相當常見,很容易在晴天見到牠們在花叢中追逐。牠有個別名叫作「台灣粉蝶」,但是牠分布遍及南亞、東南亞,並不是台灣特有的粉蝶,台灣也不是這種粉蝶最早被發現的地方。

異色尖粉蝶的
雄蝶色彩以白色
為

成蟲特徵：雄蝶色彩以白色為主，後翅腹面呈黃色，翅外緣有褐色紋。雌蝶色彩以褐色為主，翅面上有一些白紋及黃紋。

幼期特徵：卵呈紡錘形，表面有縱稜，顏色呈黃色。幼蟲呈綠色。蛹是縊蛹，身體扁平，頭上有一支細長的角，腹部向兩側延伸，並具有短刺。蛹呈淺綠色。

與近似種的區別：在台灣地區沒有近似的種類。

附著在葉片上的蛹。

寄主植物：白花菜（山柑科）木本植物，近郊地區最常見到的有魚木及小刺山柑（南部地區）。

生態習性：成蝶飛行快速，好訪花。雄蝶會到濕地吸水，有時在溪邊聚集成群。雌蝶產卵在新芽上，產下的卵粒排成一列。幼蟲棲息在葉表，取食葉片。化蛹在葉背。

棲息在樹葉上的幼蟲。

虎斑蝶
Danaus genutia

在郊外的花叢間，尤其是菊科的咸豐草、澤蘭及長柄菊等，經常可見到虎斑蝶優雅地在花間採蜜。虎斑蝶長相和同屬的金斑蝶有些相像，幼蟲也有鮮艷的警戒色，但是虎斑蝶所利用的寄主植物是原生的野生蘿藦科植物，因此在都市內少見，在野外則不難見到，有時候數量會很多，形成十分美麗的景觀。牠從海邊一直到內陸海拔一千多公尺的山區都很常見。虎斑蝶又被稱作「黑脈樺斑蝶」。

成蟲特徵：翅面底色呈黃褐色，前翅翅端呈黑色，上面有一些白斑。沿翅脈處有明顯的黑色條紋。雄蝶在後翅有明顯的性斑。

幼期特徵：卵呈砲彈形，表面有縱稜，顏色呈黃白色。幼蟲身上有三對肉鞭，體表有黑、黃、白色斑紋構成的鮮艷斑紋。蛹是懸蛹，呈美麗的翡翠色，腹部有一條金屬色鑲黑邊的環帶。

虎斑蝶幼蟲體色十分鮮艷。

與近似種的區別：與金斑蝶相似，但是虎斑蝶翅脈上的黑色條紋使牠很容易與之區別。

葉片下的蛹。

附著在葉片上的卵。

虎斑蝶翅上有明顯的黑色條紋。

幼蟲的食痕。

寄主植物：蘿藦科的植物，其中最常見的是牛皮消。

生態習性：成蝶飛翔緩慢，好訪花。卵單獨產在葉背。幼蟲棲息在葉背，取食葉片及花序，化蛹在葉背或莖上。

枯葉蝶
Kallima inachis formosana

有一些包括蝴蝶在內的昆蟲，因為形態特性教人讚嘆不已，因而成為舉世聞名的種類，枯葉蝶便是其中的佼佼者。枯葉蝶的成蝶靜止而收翅合攏時，翅形看起來就像是一片樹葉，翅腹面中央有一條彷彿樹葉中肋的線紋，翅面上的色彩、花紋不但像枯葉的顏色，而且上面還綴有像是黴斑、蟲蝕孔的紋路，模仿枯葉模仿得唯妙唯肖。如果不幸被認出來，枯葉蝶受驚飛起來後會閃現出翅背面鮮明的黃帶與閃亮的藍色翅面，將天敵嚇走。更有趣的是，枯葉蝶的枯葉模樣花紋幾乎每一隻都不一樣，好像反映自然界枯葉的變異似地，教人不能不訝異造物之奇。這麼有趣的蝴蝶，在我們的身邊卻並不難見到，只要是在郊區林木繁茂的林間小徑或清流小溪邊，都很容易見到枯葉蝶的身影。

枯葉蝶的翅形、花紋酷似枯葉。

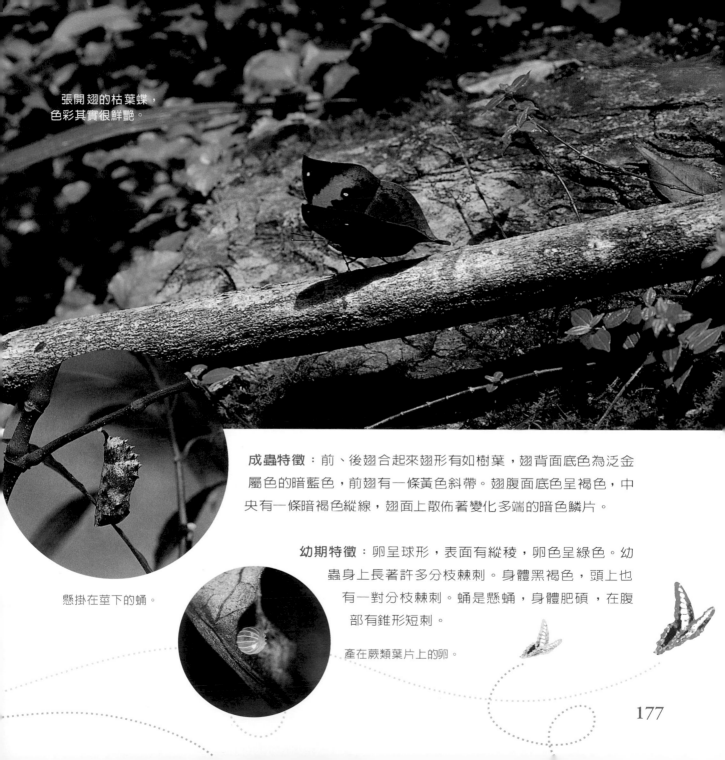

張開翅的枯葉蝶，
色彩其實很鮮艷。

懸掛在莖下的蛹。

成蟲特徵：前、後翅合起來翅形有如樹葉，翅背面底色為泛金屬色的暗藍色，前翅有一條黃色斜帶。翅腹面底色呈褐色，中央有一條暗褐色縱線，翅面上散佈著變化多端的暗色鱗片。

幼期特徵：卵呈球形，表面有縱稜，卵色呈綠色。幼蟲身上長著許多分枝棘刺。身體黑褐色，頭上也有一對分枝棘刺。蛹是懸蛹，身體肥碩，在腹部有錐形短刺。

產在蕨類葉片上的卵。

177

與近似種的區別：在台灣只有黃帶隱蛺蝶
（黃帶枯葉蝶 *Yoma sabina podium*）和枯葉
蝶有一點相像，但是黃帶隱蛺蝶後翅尾端
不像枯葉蝶那麼尖，因此看起來似乎沒有
枯葉蝶那麼像枯葉。另外，黃帶隱蛺蝶有
一條貫穿前後翅的明顯黃帶，枯葉蝶則只
在前翅有黃色斜帶。

寄主植物：主要取食爵床科的各種馬蘭。

幼蟲頭上生有長角。

終齡幼蟲體色很黑。

生態習性：成蝶飛行快速，喜歡吸食腐果
汁液。雄蝶會在林間作領域佔有。雌蝶選
擇寄主植物生長場所旁的大樹樹幹、石
塊、其牠高大植物產卵，幼蟲棲息在葉
背，取食葉片。成熟幼蟲尋找穩固的場所
如石塊、樹枝化蛹。

被蜘蛛捕獲的枯葉蝶。

178

大紅蛺蝶
Vanessa indica

大紅蛺蝶又被稱為紅蛺蝶，是一種飛翔敏捷快速的美麗蛺蝶。牠的翅面上有縱橫交錯的各種色彩的斑紋，迎著陽光閃閃發亮，十分艷麗。牠的寄主植物包括從前常用的經濟作物苧麻，這種植物從前被用來製作繩索、嫩葉還被用來作糕點，所以常被栽培而使大紅蛺蝶偶爾被視為害蟲。除了苧麻之外，大紅蛺蝶竟然可以食用人見人怕的咬人貓，每當我們在山野間不小心碰到了咬人貓的葉子都覺得疼痛不堪，大紅蛺蝶的幼蟲卻若無其事地嚙咬牠的葉片，還把牠的葉片摺來作巢呢！

成蟲特徵：翅背面有一些橙紅色斑紋，前翅外半部呈黑色，裡面有些小白斑。後翅有大片泛金色光澤的褐色斑。腹面在後翅有複雜而斑駁的斑紋。

幼期特徵：卵近於球形，表面有縱稜，呈綠色。幼蟲體表有棘刺，體色以黑色或褐色為主，上面有一些

用咬人貓葉片做成的幼蟲巢。

正在做日光浴的大紅蛺蝶。

黃紋。蛹為懸蛹,呈灰褐色,背側有一些發亮的金屬色斑紋。

與近似種的區別:與小紅蛺蝶(*Vanessa cardui*)相似,最明顯的區分是小紅蛺蝶的後翅背面的褐色斑較少,前翅的橙紅斑則較大。

產在葉片上的卵。

取食咬人貓葉片的幼蟲。

寄主植物:蕁麻科植物。常用的有苧麻及咬人貓等。

生態習性:卵單獨產在葉片、新芽上。幼蟲取食葉片,有造巢習性。化蛹在巢內或附近的其他物體上。

懸掛在葉背的蛹。

異紋帶蛺蝶
Athyma selenophora laela

異紋帶蛺蝶又稱為「小單帶蛺蝶」或「一文字蝶」，牠們的雌蝶與雄蝶斑紋差異很大，雄蝶的翅背面除了在前翅前側有3枚小白斑之外，只有一條明顯的白帶貫穿前、後翅，雌蝶卻和同屬的許多種類一般有數條白色帶紋。牠們在近郊山區十分常見，尤其是在比較潮溼陰暗的環境中。牠們的雄蝶經常會逛到馬路邊上，十分惹眼。異紋帶蛺蝶的幼蟲的禦敵本領高強，能加工糞便、葉片作成「偽裝防禦」。牠的蛹卻造型奇特而金光閃閃，十分美麗。

正在吸食
構樹落果的
雄蝶。

正在吸水
的雄蝶。

成蟲特徵：翅背面底色為黑褐色，雄蝶只在翅面上有一條前、後翅相連的弧形白帶，雌蝶則有數條細而窄的白帶。翅腹面底色呈咖啡色，上面有數條白色帶紋。

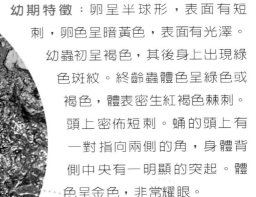

幼期特徵：卵呈半球形，表面有短刺，卵色呈暗黃色，表面有光澤。幼蟲初呈褐色，其後身上出現綠色斑紋。終齡蟲體色呈綠色或褐色，體表密生紅褐色棘刺。頭上密佈短刺。蛹的頭上有一對指向兩側的角，身體背側中央有一明顯的突起。體色呈金色，非常耀眼。

產在葉尖
的卵。

雌蝶的花紋和雄蝶完全不同。

通體金黃的蛹。

準備化蛹的幼蟲
體色變成黃褐色。

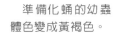

四齡幼蟲的奇妙偽裝。

成熟的幼蟲。
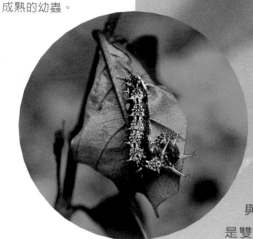

與近似種的區別：在台灣和異紋帶蛺蝶最類似的是雙色帶蛺蝶（台灣單帶蛺蝶*Athyma cama*），但是雙色帶蛺蝶後翅白帶彎曲弧度較大，雌蝶翅背面帶紋呈黃色，而且前翅中室內的條紋不像異紋帶蛺蝶那樣有褐色細線穿過，辨認其實很容易。

小幼蟲和牠所做的糞塔。

寄主植物：茜草科植物，常見的有小喬木水金京及藤本的各種玉葉金花。

生態習性：成蝶飛翔不疾不徐，好採花蜜，也愛吸食腐果，雄蝶會在溼地吸水。卵產在葉片上。小幼蟲有造糞塔的習性，較大的幼蟲會將葉片吃掉，留下中肋，然後蜷曲在光裸的中肋與葉片相連處。終齡幼蟲棲息在葉表。成熟的幼蟲化蛹在葉背。

玄珠帶蛺蝶
Athyma perius

帶蛺蝶屬（*Athyma*）的蝴蝶翅面上有白色的帶紋，雖然不同種之間看起來很像，但是仍然能用斑紋的特點來加以分辨。帶蛺蝶類的幼蟲及蛹非常漂亮而造形奇特，令人驚奇。玄珠帶蛺蝶因為後翅腹面有一串黑色斑點而得名，牠有個別名叫作「白三線蝶」，不過牠和通常被稱為「三線蝶類*Neptis*」的蝴蝶關係頗遠。玄珠帶蛺蝶在郊外數量不少，牠們偏好環境明亮開闊的二次林，常在林間小徑及小山山頂上飛舞。

產在葉背的卵。

幼蟲體表長滿棘刺。

玄珠帶蛺蝶後翅的一列黑點是牠最明顯的特徵。

成蟲特徵：中型蝴蝶。成蝶翅背面底色呈黑褐色，上面有白色帶紋。腹面底色為淺黃褐色，後翅外側的白帶內有一列黑色斑點。

蛹的造形十分古怪而美麗。

幼期特徵：卵呈半球形，表面密生短刺。卵呈黃色，表面有光澤。幼蟲體表密生棘刺，幼時體色呈褐色，至終齡則呈綠色。蛹為懸蛹，頭上有一對向兩邊分叉的角，背側中央有一枚斧狀突起，體呈亮麗的金屬色，並有一些淺褐色斑紋。

與近似種的區別：同屬的其他種類翅腹面底色都呈深褐色，只有玄珠帶蛺蝶呈黃褐色。後翅外側白帶中有黑色斑點的只有玄珠帶蛺蝶及白圈帶蛺蝶（*Athyma asura*），但是白圈帶蛺蝶的黑點位於帶紋中央，玄珠帶蛺蝶則位於白帶內側。

寄主植物：大戟科的各種饅頭果。

生態習性：成蝶喜歡在開闊明亮的場所活動，雄蝶有明顯的領域行為，常在樹梢上作領域佔有。卵單獨產在葉上。幼蟲小時有造糞塔的習性並棲息在棒狀的糞塔上。成長的幼蟲棲息在葉表。成熟的幼蟲在葉背化蛹。

成熟的幼蟲。

蛹的側面觀。

小雙尾蛺蝶
Polyura narcaea meghaduta

雙尾蛺蝶類屬於螯蛺蝶族，這一族的蝴蝶在非洲種類極多，多樣性非常高，在亞洲則種類較少。牠們的成蝶飛翔姿態矯捷雄健，十分有力。卵的頂部扁平，看起來好像放反了。幼蟲有很大的頭，頭上還配上四支角，造型好像某些民族的面具，非常奇特。小雙尾蛺蝶的別名叫作「姬雙尾蝶」，在林木繁茂的郊區不難見到，牠們常常在樹幹上和金龜子、鍬型蟲等甲蟲爭食流出的樹液，也常會被糞便、腐果引來吸食。

吸水中的小雙尾蛺蝶。

幼蟲頭很大而且造型非常奇特。

成蟲特徵：後翅有二支細長的尾突。翅背面底色呈黃白色，外側有黑色紋。翅腹面泛銀白色，翅面上有褐色條紋及斑點。

幼期特徵：卵近於球形，但是頂部扁平，卵呈黃色。初孵化的幼蟲身體呈黃色，頭呈褐色，成長的幼蟲呈綠色。頭部很大，頭頂有四支角。蛹是懸蛹，通體輪廓呈弧形，十分可愛，顏色呈綠色，上面有白色及黃色線條及斑紋。

卵的頂面平整。

與近似種的區別：與雙尾蛺蝶（雙尾蝶*Polyura eudamippus formosana*）形態相似，小雙尾蛺蝶體型通常較小，後翅背面外側黑邊很窄，雙尾蛺蝶體型較大，後翅背面有寬闊的鑲花邊黑紋。

寄主植物：最常用的寄主是榆科的山黃麻。

生態習性：成蝶棲息在森林中，喜食樹液、腐果、糞汁。卵產在成熟葉葉表。幼蟲棲息在葉表。成熟的幼蟲在葉背或枝條下化蛹。

渾圓的蛹。

雌擬幻蛺蝶
Hypolimnas misippus

幻蛺蝶類(*Hypolimnas*)是一群熱帶性蛺蝶,牠們常以色彩、斑紋擬態有毒、難吃的斑蝶類,其中雌擬幻蛺蝶便是箇中翹楚。牠的雌蝶的斑紋與金斑蝶（樺斑蝶*Danaus chrysippus*）極其類似,許多剛剛開始從事蝴蝶觀察的朋友常會將牠誤以為是斑蝶。牠的雄蝶斑紋看起來似乎並沒有擬態的效果,大自然總是對負起傳宗接代重任的雌蝶要厚愛些。在從前都市化還不像今天那麼嚴重的時代,雌擬幻蛺蝶連都市內都很常見。就連今日最繁華的台北東區,在1980年代早期都還常能見到雌擬幻蛺蝶,不過現在只有在郊外比較容易見到這種美麗又有趣的蛺蝶了。

成蟲特徵:雄蝶背面底色呈黑褐色,上面有數個鑲紫色亮紋的白斑。腹面白紋更大,底色覆有黃褐色鱗片。雌蝶色彩以黃褐色為主,前翅翅端有白帶及黑色斑紋。

幼期特徵:卵呈球形,卵表有縱稜。卵色呈淺綠色,表面有光澤。幼蟲身體表面生有棘刺,

雌擬幻蛺蝶的雌蝶很像金斑蝶,被認為是一種擬態現象。

作領域佔有的雄蝶。

體色呈黑色。頭呈橙紅色，頭上有一對黑色的棘刺。蛹是懸蛹，蛹體粗短，腹部有短錐突，體色呈淺黃褐色。

與近似種的區別：沒有與雄蝶色彩、斑紋相似的種類。雌蝶與金斑蝶相似，但是後翅中央沒有黑色小紋，而在前側多了一枚明顯的黑色斑紋。

寄主植物：主要取食馬齒莧科的馬齒莧。

張開翅的雄蝶。

193

生態習性：成蝶喜歡在陽光充足的開闊場
所活動，飛翔速度不快，好訪花。雄蝶常
占據小山山頂、樹梢作領域占有。卵單獨
產在寄主植物上。幼蟲取食葉片及嫩莖，
當一株植物食盡後，幼蟲會四處遊走找尋
新植株。成熟的幼蟲尋覓穩固的場所如屋
簷下、樹枝下化蛹。

幼蟲頭是橙紅色的，
頭上有一對角。

產在馬齒莧葉片上的卵。

懸吊在枯枝下的蛹。

194

曲紋黛眼蝶
Lethe chandica ratnacri

黛眼蝶類（*Lethe*）又被稱為「蔭蝶」類，多半喜愛在森林中活動，成蝶不吸花蜜，而喜歡吸食腐果、樹液、糞便、動物死屍等。在台灣地區的黛眼蝶之中曲紋黛眼蝶可以說是分布最為普遍，數量也最多的種類了。這是因為雖然所有的黛眼蝶都以單子葉植物為寄主植物，每一種黛眼蝶多半有偏好的寄主種類，只有曲紋黛眼蝶能同時利用竹類及芒類植物為幼蟲食物，因此十分常見。牠的幼蟲體色變化多端，可以在不同的寄主植物上發揮最好的隱藏效果，因為雌雄蝶色彩不同，牠又被叫作「雌褐蔭蝶」。

成蟲特徵：中型蝴蝶，後翅有一小尾突。前、後翅腹面外側都有一串眼狀紋。雄蝶底色以暗褐色為主，雌蝶則以紅褐色為主，而且前翅多了一道白帶。

曲紋黛眼蝶翅上的眼紋及線紋都排列得彎彎曲曲的。

幼期特徵：卵呈球形，呈黃白色半透明，表面有光澤。幼蟲尾端有一對合攏的細長尾突，頭部有一對分得很開的長角。身體基本顏色為綠色或褐色，但有各種不同程度的斑紋變化。蛹為懸蛹，蛹體修長。頭上有一對短角，胸部背面有一稜角。

與近似種的區別：只有長紋黛眼蝶（玉帶蔭蝶 *Lethe europa*）略為相似，但是長紋黛眼蝶的眼紋較大而較長，而且前翅白帶是一條直行的縱帶，曲紋黛眼蝶的雌蝶白帶則有很大幅度的彎曲。

寄主植物：各種禾本科竹類及芒類植物。

產在芒草葉背的卵。

幼蟲和牠的截狀食痕。

附著在竹莖上的蛹。

生態習性：成蝶通常在幽暗的竹林或森林中出沒，好食樹液、腐果。卵單獨產在寄主植物葉背。幼蟲棲息在葉背，取食的食痕呈截斷狀。化蛹在葉背或枝條上。

密紋波眼蝶
Ypthima multistriata

在近郊山區的草叢之中，密紋波眼蝶是數量最多的蝴蝶之一，牠們經常在樹林邊的花草間穿梭，大部分眼蝶不吸花蜜，密紋波眼蝶卻很愛訪花採蜜。波眼蝶類又被稱為「波紋蛇目蝶」或「瞿眼蝶」類，種類多又外形相似，分類十分困難。密紋波眼蝶也不例外，牠早期被認為是台灣特有種，而被稱為「台灣波紋蛇目蝶」，後來卻有學者有不同意見，目前一般認為牠和廣泛分布在大陸各地至韓國、日本的所謂的「莫氏波眼蝶 *Ypthima motschulskyi*」同種，而且莫氏波眼蝶最近被研究發現學名不適用，所以這些地區的「莫氏波眼蝶」現在都應該稱作「密紋波眼蝶」了。

成蟲特徵：中小型蝴蝶。翅背面呈暗褐色，雌蝶在前翅有一枚明顯的眼狀紋，雄蝶則只有模糊的痕跡，但是在前翅有一片暗色的發香鱗，可以釋放香氣引吸異性。翅腹面密佈細小的淺色細紋，前翅有一枚，後翅有三枚眼狀紋。

卵。

密紋波眼蝶最主要的特徵便是雄蝶前翅眼紋消退。

密紋波眼蝶後翅的眼紋以最靠前方的最大。

幼期特徵：卵呈球形，表面有淺刻紋，顏色呈綠色。幼蟲成長後分為綠、褐色兩型，尾端有一對小突起。蛹為懸蛹，分為綠、褐色兩型，體上有一些稜線，綠色型沿稜線鑲著明顯的黑色線紋。

與近似種的區別：密紋波眼蝶和近似種最明顯的不同是雄蝶前翅眼紋減退。

寄主植物：各種禾本科植物。

199

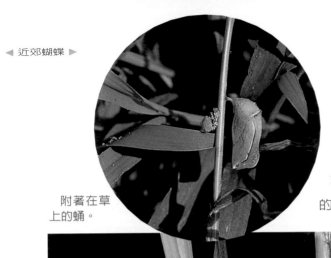

生態習性：成蝶偏好陰暗、潮溼的環境，喜歡
訪花，飛行緩慢。雌蝶將卵單獨產在寄主植物
附近的乾草、苔蘚等雜物上，有時也直接產在
寄主植物上。幼蟲取食葉片，行動極其緩慢，
不取食時常常頭下尾上停棲在寄主植物靠近根部
的莖上。成熟的幼蟲通常在莖、葉上化蛹。

附著在草
上的蛹。

停憩在莖上的幼蟲姿勢通常頭朝下。

台灣斑眼蝶
Penthema formosanum

在台灣各地近郊地區多半栽植著許多竹類經濟或觀賞用作物,常見的包括綠竹、孟宗竹、刺竹、佛竹等。這些竹類植物是許多眼蝶、弄蝶的幼蟲寄主,而牠們的成蝶通常也就棲息在竹林附近。在這些以竹為家的蝴蝶之中,台灣斑眼蝶是最精采的種類之一。牠因為翅面上有黃白色條紋,所以又被稱為「白條斑蔭蝶」。牠學名中的種小名指的便是台灣,而命名者便是大名鼎鼎的英籍博物學者羅斯柴德H. W. Rothschild。台灣斑眼蝶長久以來被視為台

灣特有種，不過近年在馬祖地區以及大陸福建地區都已有觀察記錄，因此可以肯定台灣斑眼蝶並不是只棲息在台灣。台灣斑眼蝶最有趣的是牠的幼期生態，牠的幼蟲及蛹的姿態酷似一片枯竹葉，如果不注意觀察，很容易被牠騙過，是極高明的偽裝術！台灣斑眼蝶雖然被認為是眼蝶類，但是牠的翅面上並沒有眼紋，與牠同屬的其他種類親戚多半明顯地擬態有毒、難吃的斑蝶，但是截至目前在台灣地區卻找不出有哪一種斑蝶是牠擬態的對象。

竹葉上
的卵。

幼蟲形態酷似枯竹葉。

成蟲特徵：中大型蝴蝶。翅底色呈褐色，上面有黃白色條紋，這些黃白色條紋有時會明顯消減而成為所謂的「黑化型」。

幼期特徵：卵呈球形，表面有光澤，呈黃白色。成長的幼蟲在頭頂及尾端分別有一對圓錐形突起，但是均左右合攏，使得幼蟲外觀看來身體兩端都很尖，配合幼蟲的體色，使幼蟲整體看來像是一片枯竹葉。蛹是懸蛹，軀體修長，頭上有一對合攏的角，看來也像一片枯竹葉。

與近似種的區別：在台灣地區沒有相似的種類。

寄主植物：各種竹類植物。

冬眠中的幼蟲。

生態習性：成蝶棲息在竹林附近，喜愛吸食腐果、樹液，飛翔緩慢。卵被單獨產在竹葉背面。幼蟲取食竹葉。小幼蟲在竹葉邊緣切出深溝，然後停棲在深溝外側的葉片上。成長的幼蟲棲息在葉表。成熟的幼蟲在竹枝下化蛹。冬季時以成熟幼蟲休眠，身體變得有點兒半透明，等春季來臨時便化蛹。

蛹長得像是掛在竹枝上的枯葉。

玳灰蝶

Deudorix epijarbas menesicles

玳灰蝶又被稱為「恆春小灰蝶」。牠的雄蝶和雌蝶色彩差異很大，雄蝶在翅的背面有大片亮麗的紅色斑紋，雌蝶則整個呈深褐色。牠們常在近郊的花叢上出現，不管是在吸蜜或休憩時，玳灰蝶都常將後翅上下交錯移動，使牠後翅的一對細小絲狀尾突跟著移動，這個動作搭配上後翅末端突出的葉狀突以及附近的黑圓斑，使得不管從側面還是從後面看去，牠的頭部都像是在後翅的末端，用來欺騙想捕食牠的天敵。這種動作和結構的效果很明顯，因為在野外常常可以見到後翅有鳥嘴啄痕的玳灰蝶個體。牠的寄主植物選擇也富饒趣味。牠選擇寄主植物並不專挑同一類的植物，更重要的考量似乎是必須有較為大型的果實或種子。幼蟲的蛀食能力高強，能鑽透十分堅硬的果皮、果莢，就連堅硬如菊花木的果莢牠也照樣能蛀穿，然後吃掉裡頭的種子。

成蟲特徵：小型蝴蝶，但在灰蝶科之中算是中大型的。後翅有一對細小絲狀尾突及葉狀小突起。翅腹面底色呈褐色，上面有白色線紋，後翅有一枚黑色圓點。翅背面底色呈暗褐色，雄蝶有大片橙紅色斑紋，雌蝶則沒有。

蛀食軟毛柿果實的幼蟲。

產在軟毛柿果實和果萼間的卵。

玳灰蝶後翅的花紋和尾突看來像是另一個頭。

205

幼期特徵：卵呈半球形，表面有細密的稜及小突起構成格狀圖案。幼蟲肥大，呈黃綠色或橄欖色。蛹為縊蛹，呈淺褐色，身上有暗褐色斑紋。

與近似種的區別：在台灣地區，與玳灰蝶最近似的種類是一種十分罕見的蝴蝶，叫作茶翅玳灰蝶（三角峰小灰蝶*Deudorix reprecussa*），但是茶翅玳灰蝶雄蝶翅表泛暗藍色，而且有明顯的灰色性斑，本種則有明顯的橙紅色斑紋，而且沒有性斑。另外，茶翅玳灰蝶只分布在高海拔深山裡，不可能在近郊地區見到。

寄主植物：以許多種植物的果實為食，包括作為果樹柿樹科的柿子，無患子科的龍眼、荔枝。此外郊區常見的

褐色的蛹。

菊花木果實內的
幼蟲。

老熟幼蟲。

還有柿科的軟毛柿、山龍眼科的山龍眼及豆科的菊花木等。

生態習性：成蝶愛在森林、林緣出沒，喜歡訪花，飛翔迅速敏捷。卵單獨產在果實、果莢的細縫處。幼蟲鑽進果實中取食果肉、種子，常常吸引螞蟻前來採取蜜露。成熟時離開果實鑽進竹筒、樹幹裂縫等處化蛹。

菊花木果實上的幼蟲蛀孔。

207

燕灰蝶
Rapala varuna formosana

燕灰蝶的別名叫作「墾丁小灰蝶」,不過,牠可不是只有在墾丁國家公園才見得到的蝴蝶。事實上,牠幾乎遍布全台,而且垂直分布涵蓋從平地到海拔2000公尺的山地。基本上燕灰蝶是一種森林性蝴蝶,有趣的是牠是一種雜食性蝴蝶,主要以具有細小花果的植物為寄主植物,由於牠的各種寄主植物各有不同花期,因此燕灰蝶也隨著在不同季節利用不同的寄主植物,使得牠數量波動得很明顯。

成蟲特徵:小型蝴蝶。後翅有一細小尾突,
尾突旁有一樣黑斑,兩者搭配起來

燕灰蝶翅上有
明顯的帶紋。

吸食有骨消花蜜的成蝶。

產在無患子花苞傷口內的卵。

落葉下的蛹。

取食無患子花序的幼蟲。

像是昆蟲的頭及觸角。翅背面底色黑褐色，上面有暗藍色光澤，腹面底色呈淺褐色，上有暗褐色條紋。雄蝶於後翅表面有一枚黃灰色橢圓形性斑。

幼期特徵：卵十分細小，形狀像一枚藥錠，表面有極其細緻的網狀稜。幼蟲身體表面有許多棒狀小突起，身上的色彩呈綠色，配上一些紋路看起來有

209

如一副戰車履帶。蛹是縊
蛹，呈褐色，上面有暗色斑
點。

與近似種的區別：在台灣地
區沒有相似的種類。

寄主植物：燕灰蝶的寄主包
括許多植物的花、果，常見
的包括榆科的山黃麻、無患
子科的無患子、千屈菜科的
九芎及鼠李科的桶鉤藤等。

生態習性：成蝶飛翔快速靈
敏，好訪花。卵單獨產在花
序附近。幼蟲取食花、幼
果、嫩葉等柔軟組織。化蛹
時會離開花序。

九芎花序上的幼蟲。

紫日灰蝶
Heliophorus ila matsumurae

紫日灰蝶又被稱為「紅邊黃小灰蝶」，很奇怪的是牠是台灣地區灰蝶亞科Lycaeninae的唯一成員。這個亞科是包含五十種以上灰蝶，多樣性很高的類群，而且絕大多數以蓼科植物作為幼蟲寄生植物，牠們大部份種類分布在全北區、北美、歐洲、亞洲大陸都有很多種類。台灣有高山，蓼科植物種類也很多，不知道為什麼這一類蝴蝶種類會這麼少。不過話又說回來，唯一棲息在台灣的紫日灰蝶還是十分嬌艷可愛的，算得上是近郊常見蝴蝶中的明星，牠們雖然在山上數量比較多，但是其實只要長有牠的幼蟲寄生植物火炭母草的地方，有時候在校園、公園、菜圃也都見得到這種可愛的小蝶。台灣的紫日灰蝶的亞種名是紀念早期對台灣蝴蝶研究貢獻良多的日籍學者松村松年而取的。

成蟲特徵：小型蝴蝶。翅背面底色呈黑褐色，雄蝶在翅面上有一片閃亮的寶藍色鱗片，雌蝶沒有這樣的鱗片，但是在前翅多了一道橙紅色斜紋。翅膀面底色呈黃色，外側鑲著紅邊。後翅尾端有一枚小尾突。

紫日灰蝶十分鮮艷可愛。

211

吸蜜中的雄蝶。

幼期特徵：卵呈半球形，白色，表面有很深的凹孔，看起來像是一枚高爾夫球。幼蟲扁平，淺綠色，有時候背中央有一條紅色細線。蛹是縊蛹，腹部膨大而呈淺綠色，上面有一些褐色小紋。

與近似種的區別：在台灣地區沒有相像的種類。

寄主植物：最常利用的是蓼科的火炭母草。

生態習性：成蝶活潑敏捷，喜愛在陽光充足的樹林邊緣，路旁活動。愛訪花，也會吸食糞便，雄蝶會到濕地吸水，並且有領域行為。卵產在葉背，幼蟲也棲息在葉背或新芽間，小幼蟲會吃掉葉片下表皮及葉肉，只留下上表面而形成空窗，成熟的幼蟲在葉背化蛹。

火炭母草葉上的卵。

芽上的幼蟲。

【附錄】

賞蝶須知 ....

　　進行蝴蝶的欣賞、觀察及研究，首先應該建立的是正確的觀念。不論是從事單純的自然體驗生態攝影、有教育性質的生態飼養觀察，或是作有環境監測意義的生態調查，或學術研究性質的資源調查及取樣，都應該以尊重自然為前提。從事上述的各項活動時，應當注意保護自然環境，不應當有恣意消費、掠奪資源的心態，不作沒有必要性的採集。因生態教育或研究上的目的而作有限度的室內飼養、觀察後，切忌在觀察、研究結束後，將活體任意釋放到不適合牠們棲息或原本不屬於牠們生活的空間。尊重生命要從小處到大處都能兼顧，小者要珍惜自然資源，不隨意造成生命浪費，大者更須注意，不能因人類主觀的意念、行為干擾了大自然千萬年來的演進歷程，如此才能對蝴蝶以及其他珍貴的自然資源作永續經營。

戶外賞蝶的準備

　　初學賞蝶者最好先選擇幾本對觀察蝴蝶有幫助的書籍，這包括一些自然觀察手冊及蝴蝶圖鑑，而由於蝴蝶生活史各階段常擁有比成蝶還要精采的生態及形態，因此利用植物圖鑑來熟悉蝴蝶的幼蟲寄主植物也是不能缺少的。剛開始從事賞蝶時，除了藉由書上的知識嘗試運用在探索的過程之外，最好是能參加由公、私教育單位、保育團體及社教機構舉辦的活動，由有經驗的資深賞蝶人及專家引導、介紹，可以加快了解、熟悉蝴蝶的生態習性及環境需求。

　　如果要到荒地、郊外賞蝶，首先要注意的是天候狀況。蝴蝶大部份是日行性的，而且大多數種類愛在天氣晴朗時活動，所以除非想觀察一些習性特殊的種類，賞蝶適宜在晴天時進行。另外，晴朗的日子雖然蝴蝶活動旺盛，但是午後常有西北雨或起風、起霧，就算沒有天候變化，經過一上午的陽光曝曬之後，下午常常熱得過頭了，因此觀賞成蝶通常最佳時段是在日出之後到中午時分，到了午後，注意力可能就要轉到蝴蝶幼期的觀察上了。

　　在作戶外觀察時，應當穿長袖、長褲，以避免蚊蟲叮咬及有毒、有刺的蟲子及植物的傷害。腳上應穿上襪子，鞋子應著運動鞋、休閒鞋或登山鞋，不應穿涼鞋或拖鞋。頭上應戴上帽子以防日曬。另外，還應該攜帶輕便的急救箱或急救包，裡面應有氨水、治療蟲螫的藥膏、優碘、防蚊液、繃帶、紗布等藥品、物品。賞蝶時若遇見危險性較高的毒蛇、胡蜂（虎頭蜂）時，不必驚慌。通常毒蛇不會攻擊沒有威脅性的大型動物，而胡蜂也只有在人畜接近牠們的巢時才會產生攻擊性，所以在遇見毒蛇時只要不去惹牠，便不致遭蛇咬，而倘若遇見胡蜂繞著自己打轉，最好的作法便是循原路折返，因為我們很難判斷胡蜂巢的方位，如果胡亂擇路逃避，也許反而更靠近蜂巢，更加危險。

蝶和蛾的差異

習慣上，人們把昆蟲綱鱗翅目的昆蟲分成「蝶類」和「蛾類」，而長久以來有一些常用的「區分法」，用來分辨牠們。這些區分法包括：長得漂亮的是蝴蝶，長得醜的是蛾；白天活動的是蝴蝶，夜晚活動的是蛾；休息時翅豎起的是蝴蝶，平攤的是蛾；觸角呈棒狀的是蝶，不呈棒狀的蛾。不過，上面提到的區分法其實都有例外。蝶類中的許多種類，尤其是眼蝶、弄蝶類，常常色彩黯淡，而蛾類中其實有許多美麗的種類，像是水青蛾、斑蛾、雕蛾等。在蝶類當中，其實不乏黃昏、夜晚出沒的種類，例如暮眼蝶、蕉弄蝶等，而蛾類之中也有很多是白天活動的，像是常見的蝶燈蛾、鹿蛾等。再者，有許多蝴蝶停憩時翅並不豎直，而是向兩側平放的，蛺蝶中的網絲蛺蝶及許多弄蝶，都有這樣的特性，而蛾類當中，也有好些是靜止時翅呈直立姿勢的，其中在台灣地區最常見的便是錨紋蛾類。而最後一項，一向被認為最可靠的區分法，也就是觸角的形式，其實也在不久之前失去效用。英籍學者Scoble氏於1980年代發表一系列論文，指出分布於中南洲，長久以來被認為屬於尺蛾科的Hedylidae，應被視為蝶類，而稱為喜蝶科。但是喜蝶的觸角卻是絲狀或羽狀的。除此之外，近年的系統學研究已經闡明，其實蝶類和蛾類並沒有明確的分別，如果硬去以二分法區分兩者，則所得的蛾類並不是一個自然類群或演化單元，有趣的是，在一些語言當中，對蝶與蛾原本便沒有作區分，例如在法文當中，蝶與蛾的單字便是同一個字。然而，蝴蝶畢竟是十分受人喜愛的昆蟲，愛蝶人區分蝴蝶的最好方式大概是學習辨識蝶類各科的特徵了。

許多蛾類是白晝飛行
的，圖上的是常常被誤認
為蜂鳥的黑長喙天蛾。

有些蛾類顏色鮮艷，不遜蝴蝶，圖
上的是台灣南部常見的紅腹鹿蛾。

靜止時翅平放常被認為
是蛾類的特徵。圖上的是
吸蜜中的擬三色星燈蛾。

217

蝴蝶吃什麼
——— 蝴蝶的寄主植物

　　在本書一開始的蝴蝶簡介當中便已經對蝴蝶的成蝶的食物作了一點說明。其實，不同種類的蝴蝶也會依自己的生理需求及感官辨識能力而尋求不同的食物。蝴蝶的視覺範圍和人不同，而且因種而異，牠們可能看見一部份人類看不見的紫外光。所以，在我們看來色彩均一的白色在一些蝴蝶看來卻可能上面有色彩不同的圖案，因而對牠們具有吸引力，這可以說明為什麼在我們看來一樣顏色的花朵，有些受到蝴蝶喜愛，有些蝴蝶卻不屑一顧。取食腐果、糞便的蝴蝶，對果實的種類及糞便種類也有不同偏好，常常是香氣比較濃烈的果實如鳳梨、構樹等較受歡迎。

　　蝴蝶的幼蟲所吃的食物常就比較專一，生物學家常常依照幼蟲取食對象範圍的寬窄來區分幼蟲的食性。幼蟲只取食一種植物（食物）的稱為單食性，只取食少數幾種植物（食物），例如同一屬的植物者，被稱為狹食性或寡食性，而能取食許多不同種類植物（食物）的，則被稱為廣食性、雜食性或多食性。蝴蝶的幼蟲所吃的食物如果是植物性的，被稱為寄主植物，也有人將之稱為食草，不過許多蝴蝶幼蟲所吃的植物卻是木本的，所以稱為食草並不恰當。有些蝴蝶在不同的地區、季節會利用不同的寄主植物，也有些種類偶爾會利用一些平常不用的寄主植物。

　　以下即針對本書提及的蝴蝶種類之幼蟲寄主植物作一表列，方便讀者朋友利用。請注意許多種類食性較廣，本書未能羅列所有寄主植物，讀者朋友們還有許多探索空間。

弄蝶科 Hesperiidae

尖翅絨弄蝶（沖繩絨毛弄蝶）*Hasora chromus chromus*
野生/栽培種
豆科Fabaceae：水黃皮*Pongamia pinnata*

台灣瑟弄蝶（大黑星弄蝶）*Seseria formosana*
野生種
樟科Lauraceae：假長葉楠*Machilus japonica*、大葉楠（紅楠）*M. japonica var. kusanoi*、香楠*M. zuihoensis*、台灣擦樹*Sassafras randaiense*、黃肉樹（小梗黃肉楠）*Litsea hypophaea*、山胡椒*L. cubeba*、銳葉新木薑子*Neolitsea aciculata*
野生/栽培種
樟科Lauraceae：樟樹*Cinnamomum comphora*
栽培種
樟科Lauraceae：錫蘭肉桂*Cinnamomum zeylanicum*
木蘭科Magnoliaceae：含笑花*Michelia fuscata*（少見）

小黃星弄蝶（小黃斑弄蝶）*Ampittia dioscorides etura*
野生種
禾本科Poaceae：李氏禾*Leersia hexandra*

薑弄蝶（大白紋弄蝶）*Udaspes folus*
野生種
薑科Zingiberaceae：月桃*Alpinia zerumget*、台灣月桃*A. formosana*、穗花山奈*Hedychium coronarium*
栽培種
薑科Zingiberaceae：薑黃*Crucuma domestica*

黑星弄蝶*Suastus gremius*
野生種
棕櫚科Palmae：山棕*Arenga engleris*、黃藤*Calamus quiquesetinervius*
野生/栽培種
棕櫚科Palmae：蒲葵*Livistona chinensis var. subglobosa*、台灣海棗*Phoenix hanceana*、

219

栽培種

棕櫚科Palmae：檳榔Areca catechu、黃椰子Chrysalidocarpus lutescens、圓葉蒲葵Livistona rotundifolia、酒瓶椰子Hyophorbe amaricaulis、棍棒椰子H. verschaffelti、加拿利海棗 Phoenix canariensis、海棗P. dactylifera、羅比親王海棗P. humilis var. loureiri、觀音棕 竹Rhapis excelsa、棕竹R. humilis、大王椰子Roystonea regia、華盛頓棕櫚Washington filifera、壯幹椰子W. robusta

禾弄蝶（台灣單帶弄蝶） Borbo cinnara

野生種

禾本科Poaceae：芒Miscanthus sinensis、五節芒M. floridulus、巴拉草Brachiaria mutica、 鋪地黍Panicum repens、大黍Pan. maximum、兩耳草Paspalum conjugatum、象草Pennisetum purpureum、牧地狼尾草Pen. polystachion、蒺藜草Cenchrus echinatus、棕葉狗尾草(颱風草) Setaria palmifolia、毛馬唐Digitaria radicosa var. hirsuta、馬唐D. sanguinalis、牛筋草 Eleusine indica、扁穗牛鞭草Hemarthria compressa、稗Echinochloa crusgalli

栽培種

禾本科Poaceae：稻Oryza sativa（少見）、菰(茭白筍)Zizania latifolia

小稻弄蝶（姬單帶弄蝶） Parnara bada

野生種

禾本科Poaceae：兩耳草Paspalum conjugatum、李氏禾Leersia hexandra

栽培種

禾本科Poaceae：稻Oryza sativa

尖翅褐弄蝶Pelopidas agna

野生種

禾本科Poaceae：芒Miscanthus sinensis、五節芒M. floridulus、兩耳草Paspalum conjugatum、鴨草P. scrobiculatum、印度鴨嘴草Ischaemum indicum、象草Pennisetum purpureum、毛馬唐Digitaria radicosa var. hirsuta、巴拉草Brachiaria mutica、稗 Echinochloa crusgalli

栽培種

禾本科Poaceae：稻Oryza sativa

巨褐弄蝶(台灣大褐弄蝶) *Pelopidas conjuncta*
野生種
禾本科Poaceae：芒*Miscanthus sinensis*、五節芒*M. floridulus*、象草*Pennisetum purpureum*
栽培種
禾本科Poaceae：菰(茭白筍)*Zizania latifolia*、甘蔗*Saccharum sinensis*

鳳蝶科 Papilionidae

紅珠鳳蝶(紅紋鳳蝶) *Pachliopta aristolochiae interposita*
野生/栽培種
馬兜鈴科Aristolochiaceae：異葉馬兜鈴*Aristolochia heterophylla*、港口馬兜鈴*A. zollingeriana*

黃星斑鳳蝶(黃星鳳蝶) *Chilasa epycides melanoleucus*
野生種
樟科Lauraceae：大香葉樹*Lindera megaphylla*、山胡椒*Litsea cubeba*
野生/栽培種
樟科Lauraceae：樟樹*Cinnamomum comphora*

青鳳蝶(青帶鳳蝶) *Graphium sarpedon connectens*
野生種
樟科Lauraceae：豬腳楠(紅楠)*Machilus thunbergii*、香楠*Machilus zuihoensis*、青葉楠*M. zuihoensis var. mushaensis*、大葉楠*M. japonica var. kusanoi*
野生/栽培種
樟科Lauraceae：樟樹*Cinnamomum comphora*、牛樟*C. kanehirae*
栽培種
樟科Lauraceae：香桂*Cinnamomum subavenium*、錫蘭肉桂*C. zeylanicum*

木蘭青鳳蝶(青斑鳳蝶) *Graphium doson postianus*
野生/栽培種
木蘭科Magnoliaceae：烏心石*Michelia compressa*
栽培種
木蘭科Magnoliaceae：白玉蘭*Michelia alba*、含笑花*M. fuscata*、南洋含笑花*M. pilifera*

221

花鳳蝶(無尾鳳蝶) *Papilio demoleus demoleus*
野生種
芸香科 Rutaceae：過山香*Clausena excavata*、烏柑仔*Severinia buxifolia*、石苓舅 *Glycosmis citrifolia*、台灣香檬*Citrus depressa*
栽培種
芸香科 Rutaceae：柑橘*Citrus reticulata*、酸橙*C. aurantium*、來母*C. auranifolia*、柚*C. grandis*、黎檬（廣東檸檬）*C. limonia*、香櫞(枸櫞、香圓)*C. medica*、佛手柑*C. medica var. sacrodactylis*、金柑(圓果金柑) *Fortunella japonica*

玉帶鳳蝶*Papilio polytes polytes*
野生種
芸香科 Rutaceae：烏柑仔*Severinia buxifolia*、飛龍掌血*Toddalia asiaticasa*、食茱萸*Zanthoxylum ailanthoides*、過山香*Clausena excavata*、石苓舅 *Glycosmis citrifolia*
栽培種
芸香科 Rutaceae：柑橘*Cirtus reticulata*、柚*C. grandis*、黎檬(廣東檸檬)*C. limonia*、甜橙*C. sinensis*

大鳳蝶*Papilio memnon heronus*
野生種
芸香科 Rutaceae：台灣香檬*Citrus depressa*
栽培種
芸香科 Rutaceae：柑橘*Cirtus reticulata*、柚*C. grandis*

黑鳳蝶*Papilio protenor protenor*
野生種
芸香科 Rutaceae：雙面刺*Zanthoxylum nitidum*、阿里山茵芋*Skimmia arisanensis*、深紅茵芋*S. reevesiana*、山黃皮*Murraya euchrestifolia*、吳茱萸*Tetradium ruticarpum*
栽培種
芸香科 Rutaceae：柚*Citrus grandis*、黎檬(廣東檸檬)*C. grandis*、甜橙*C. sinensis*

粉蝶科 Pieridae

白粉蝶(紋白蝶) *Pieris rapae crucivora*

野生種

十字花科Brassicaceae:萎蘩*Rorippa indica*、濱蘿蔔 *Raphanus sativus f. raphanistroides*

山柑科(白花菜科) Capparaceae: *平伏莖(成功)白花菜Cleome rutisperma*、白花菜*C. gynandra*、向天黃*C. viscosa*

栽培種

十字花科Brassicaceae: *甘藍Brassica oleracea*(包括芥藍、花椰菜等變種)、結球白菜*Brassica pekinensis*、油菜*B. campestris var. amplexicaulis*

山柑科(白花菜科) Capparaceae: *西洋白花菜(醉蝶花) Cleome spinosa*

金蓮花科Tropaeolaceae: *金蓮花Tropaeolum majus*

緣點白粉蝶(台灣紋白蝶) *Pieris canidia*

野生種

十字花科Brassicaceae: *萎蘩Rorippa indica*、薺*Capsella bursa-pastoris*、小圓扇薺(獨行菜) *Lepidium virginicum*、焊菜*Cardamine flexuosa*、台灣假山葵 *Cochlearia formosana*

鐘萼木科Bretschneideraceae: *鐘萼木Bretschneidera sinensis*

栽培種

蘿蔔(菜菔) Raphanus sativus、結球白菜*Brassica pekinensis*

異色尖粉蝶(台灣粉蝶) *Appias lyncida formosana*

野生種

山柑科(白花菜科) Capparaceae: *小刺山柑C. micracantha var. henryi*、多花山柑*C. floribunda*、山柑*C. sikkimensis subsp. formosana*

野生/栽培種

山柑科(白花菜科) Capparaceae: *魚木Crateva adansonii subsp. formosensis*

纖粉蝶(黑點粉蝶) *Leptosia nina niobe*

野生種

山柑科(白花菜科) Capparaceae: *銳葉山柑Capparis acutifolia*、小刺山柑*C. micracantha var. henryi*、山柑*C. sikkimensis subsp. formosana*、蘭嶼山柑*C. lanceolaris*、平伏莖(成功)白花菜*Cleome rutisperma*

野生/栽培種

山柑科(白花菜科) Capparaceae: *魚木Crateva adansonii subsp. formosensis*

遷粉蝶(淡黃蝶) *Catopsilia pomona*
野生/栽培種
豆科Fabaceae：鐵刀木*Senna siamea*、決明*Senna tora*
栽培種
豆科Fabaceae：阿伯勒*Senna fistula*、翼柄決明(翅果鐵刀木)*Senna alata*、黃槐*Senna sulfurea*(少見)

黃蝶(荷氏黃蝶) *Eurema hecabe hecabe*
野生種
豆科Fabaceae：合歡*Albizia julibrissin*、山合歡*A. kalkora*、合萌*Aeschynomene indica*、鐵掃帚*Lespedeza cuneata*
鼠李科Rhamnaceae：桶鈎藤*Rhamnus formosana*、小葉鼠李*R. parvifolia*、雀梅藤*Sageretia thea*
大戟科Euphorbiaceae：紅仔珠*Breynia officinalis*
野生/栽培種
豆科Fabaceae：決明*Senna tora*
栽培種
豆科Fabaceae：麻六甲合歡*Albizia falcata*、黃槐*Senna sulfurea*、鐵刀木*S. siamea*、阿勃勒*S. fistula*、金龜樹*Archidendron dulce*、田菁*Sesbania cannabiana*、印度田菁*S. seesban*

灰蝶科 Lycaenidae

紫日灰蝶(紅邊黃小灰蝶) *Heliophorus ila matsumurae*
野生種
蓼科 Polygonaceae：火炭母草*Polygonum chinense*、酸模屬植物 *Rumex* spp.

玳灰蝶(恆春小灰蝶) *Deudorix epijarbas menesicles*
野生種
無患子科Sapinadaceae：無患子*Sapindus mukorossii*
山龍眼科Proteaceae：山龍眼*Helicia formosana*
柿樹科Ebenaceae：軟毛柿*Diospyros eriantha*
豆科Fabaceae：菊花木*Bauhinia championii*
栽培種

無患子科Sapinadaceae：荔枝*Litchi chinensis*、龍眼*Euphoria longana*
柿樹科Ebenaceae：柿*Diospyros kaki*

燕灰蝶（墾丁小灰蝶）*Rapala varuna formosana*
野生種
鼠李科Rhamnaceae：桶鉤藤*Rhamnus formosana*
榆科Ulmaceae：山黃麻*Trema orientalis*
千屈菜科Lythraceae：九芎*Lagerstroenia subcostata*
豆科Fabaceae：相思樹*Acacia confusa*
無患子科Sapinadaceae：無患子*Sapindus mukorossii*、克蘭樹*Kleinhovia hospita*

雅波灰蝶（琉璃波紋小灰蝶）*Jamides bochus formosanus*
野生種
豆科Fabaceae：葛藤*Pueraria lobata*、山葛*P. montana*、老荊藤*Milletia reticulata*
野生/栽培種
豆科Fabaceae：賽芻豆 *Macroptilinum atropurpureus*、小槐花 *Desmodium caudatum*、水黃皮 *Pongamia pinnata*
栽培種
豆科Fabaceae：鵲豆(扁豆) *Dolichos lablab*

豆波灰蝶（波紋小灰蝶）*Lampides boeticus*
野生種
豆科Fabaceae：葛藤*Pueraria lobata*、山葛*P. montana*、黃野百合*Crotalaria pallida var. obovata*、大葉野百合*C. verrucosa*、濱刀豆*Canavalia rosea*
野生/栽培種
豆科Fabaceae：賽芻豆 *Macroptilinum atropurpureus*、南美豬屎豆*Crotalaria zanzibarica*
栽培種
豆科Fabaceae：鵲豆(扁豆) *Dolichos lablab*、田菁*Sesbania annabiana*

藍灰蝶（沖繩小灰蝶）*Zizeeria maha okinawana*
野生種
酢醬草科Oxalidaceae：酢醬草*Oxalis corniculata*

225

莧藍灰蝶(台灣小灰蝶) *Zizeeria karsandra*
野生種
莧科Amaranthaceae：刺莧*Amaranthus spinosus*、野莧菜*A. viridis*、凹葉野莧菜*A. lividus*
蒺藜科：蒺藜*Tribulus terretris*、台灣蒺藜*T. taiwanense*

折列藍灰蝶(小小灰蝶) *Zizina otis riukuensis*
野生種
豆科Fabaceae：蠅翼草*Desmodium triflorum*、假地豆 *D. heterocarpon*、穗花木藍*Indigofera spicata*、煉莢豆(山地豆) *Alysicarpus vaginalis*

迷你藍灰蝶(迷你小灰蝶) *Zizula hylax*
野生種
爵床科Acanthaceae：賽山藍*Blechum pyramidatum*
野生/栽培種
爵床科Acanthaceae：大安水蓑衣*Hygrophila pogonocalyx*
馬鞭草科Verbenaceae：馬纓丹*Lantana camara*

黑星灰蝶(台灣黑星小灰蝶) *Megisba malaya sikkima*
野生種
大戟科Euphorbiaceae：野桐*Mallotus japonicus*、白匏子*M. paniculatus*、扛香藤*M. repandus*、血桐*Macaranga tanarius*
鼠李科Rhamnaceae：桶鉤藤*Rhamnus formosana*
榆科Ulmaceae：山黃麻*Trema orientalis*

蘇鐵綺灰蝶(東陞蘇鐵小灰蝶) *Chilades pandava peripatria*
野生/栽培種
蘇鐵科Cycaceae：台東蘇鐵*Cycas taitungensis*
栽培種
蘇鐵科Cycaceae：蘇鐵(琉球蘇鐵) *Cycas revoluta*、光果蘇鐵*C. thouarsii*

東方晶灰蝶(台灣姬小灰蝶) *Freyeria putli formosanus*
野生種
豆科Fabaceae：穗花木藍*Indigofera spicata*、毛木藍*I. hirsuta*、太魯閣木藍*I. ramulosissima*

蛺蝶科 Nymphalidae

斑蝶亞科Danainae

金斑蝶(樺斑蝶) *Danaus chrysippus*
栽培種
蘿藦科Asclepiadaceae：*尖尾鳳(馬利筋) Asclepias curassavica*、*釘頭果Asclepias fructicosa*

虎斑蝶(黑脈樺斑蝶) *Danaus genutia*
野生種
蘿藦科Asclepiadaceae：*牛皮消Cynanchum atratum*、*台灣牛皮消C. formosanum*

大白斑蝶(黑點大白斑蝶) *Idea leuconoe*
野生種
夾竹桃科Apocynaceae：*爬森藤Parsonia laevigata*

圓翅紫斑蝶*Euploea eunice hobsoni*
野生種
桑科Moraceae：*大葉雀榕Ficus caulocarpa*、*雀榕Ficus superba var. japonica*、*菲律賓榕 Ficus ampelas*
野生/栽培種
桑科Moraceae：*正榕(榕樹) Ficus microcarpa*

蛺蝶亞科Nymphalinae

琺蛺蝶(紅擬豹斑蝶) *Phalanta phalantha*
野生種
楊柳科Salicaceae：*水柳Salix warburgii*、*水社柳Salix kussanoi*
大風子科Flacourtiaceae：*魯花樹Scolopia oldhamii*
栽培種
楊柳科Salicaceae：*垂柳Salix babylonica*

227

細帶環蛺蝶(台灣三線蝶) *Nepis nata lutatia*
野生種
榆科Ulmaceae：山黃麻*Trema orientalis*、石朴(台灣朴樹)*Celtis formosana*、朴樹*Celtis sinensis*
大戟科Euphorbiaceae：刺杜密*Bridelia balansae*
豆科Fabaceae：菊花木*Bauhinia championii*
馬鞭草科Verbenaceae：杜虹花*Callicarpa formosana*
鼠李科Rhamnaceae：光果翼核木*Ventilago leiocarpa*
野生/栽培種
豆科Fabaceae：水黃皮*Pongamia pinnata*
栽培種
豆科Fabaceae：菲律賓紫檀*Pterocarpus vidalianus*、印度黃檀*Dalberfia sissoo*
使君子科Combretaceae：使君子*Quisqualis indica*

網絲蛺蝶(石牆蝶) *Cyrestis thyodamas formosana*
野生種
桑科Moraceae：大葉雀榕*Ficus caulocarpa*、天仙果*F. formosana*、澀葉榕*F. irisana*、薜荔*F. pumila*、珍珠蓮*F. sarmentosa var. nipponica*、白肉榕*F. virgata*、山豬枷*F. tinctoria*、菲律賓榕*F. ampelas*、假枇杷*F. erecta*、大有榕*F. septica*、雀榕*F. superba var. japonica*
野生/栽培種
桑科Moraceae：正榕(榕樹) *F. microcarpa*

眼蛺蝶(孔雀蛺蝶) *Junonia almona*
野生種
玄參科Scrophulariaceae：旱田草*Lindernia ruelloides*
野生/栽培種
爵床科Acanthaceae：大安水蓑衣*Hygrophila pogonocalyx*
栽培種
爵床科Acanthaceae：異葉水蓑衣*H. difformis*

枯葉蝶*Kallima inachis formosana*
野生種
爵床科Acanthaceae：台灣馬藍*Strobilanthes formosanus*、腺萼馬藍*S. penstemonoides*、曲莖

228

蘭嵌馬藍*S. flexicaulis*、蘭嵌馬藍*S. rankanensis*、台灣鱗球花*Lepidagathis formosensis*

大紅蛺蝶（紅蛺蝶）*Vanessa indica*
野生種
蕁麻科Urticaceae：*青苧麻Boehmeria nivea var. tenacissima*、咬人貓*Urtica thunbergiana*

黃鉤蛺蝶（黃蛺蝶）*Polygonia c-aureum lunulata*
野生種
桑科Moraceae：*葎草Humulus scandens*

雌擬幻蛺蝶（雌紅紫蛺蝶）*Hypolimnas misippus*
野生種
馬齒莧科：*馬齒莧Portulaca oleracea*

異紋帶蛺蝶（小單帶蛺蝶）*Athyma selenophora laela*
野生種
茜草科Rubiaceae：*毛玉葉金花Mussaenda pubescens*、*嘴葉鉤藤U. rhynchophylla*、*水金京Wendlandia formosana*、*水錦樹W. uvariifolia*
野生/栽培種
茜草科Rubiaceae：*台灣鉤藤Uncaria hirsuta*

玄珠帶蛺蝶（白三線蝶）*Athyma perius*
野生種
大戟科Euphorbiaceae：*細葉饅頭果Glochidion rubrum*、*披針葉饅頭果G. zeylanicum var. lanceolatum*、*菲律賓饅頭果G. philippicum*

螯蛺蝶亞科 Charaxinae

小雙尾蛺蝶（姬雙尾蝶）*Polyura narcaea meghaduta*
野生種
榆科Ulmaceae：*山黃麻Trema orientalis*、*石朴（台灣朴樹）Celtis formosana*

眼蝶亞科Satyrinae

曲紋黛眼蝶（雌褐蔭蝶）*Lethe chandica ratnacri*
野生種

禾本科Poaceae：芒*Miscanthus sinensis*、台灣矢竹*Arumdinaria kunishii*、包籜矢竹*A. usawai*

栽培種

禾本科Poaceae：綠竹*Bambusa oldhamii*、蓬萊竹*B. multiplex*、刺竹*B. stenostachya*、佛竹*B. ventricosa*、麻竹*Dendrocalamus latiflorus*

稻眉眼蝶（姬蛇目蝶）*Mycalesis gotama nanda*
野生種

禾本科Poaceae：芒*Miscanthus sinensis*、五節芒*M. floridulus*、開卡蘆*Phragmites karka*、李氏禾*Leersia hexandra*、稗*Echinochloa crusgalli*、本氏柳葉箬*Isachne beneckei*

栽培種

禾本科Poaceae：稻*Oryza sativa*、菰（茭白筍）*Zizania latifolia*

密紋波眼蝶（台灣波紋蛇目蝶）*Ypthima multistriata*
野生種

禾本科Poaceae：棕葉狗尾草（颱風草）*Setaria palmifolia*、芒*Miscanthus sinensis*、柳葉箬*Isachne globosa*

暮眼蝶（黑樹蔭蝶）*Melanitis leda*
野生種

禾本科Poaceae：芒*Miscanthus sinensis*、五節芒*M. floridulus*、象草*Pennisetum purpureum*、大黍*Panicum maximum*

栽培種

稻*Oryza sativa*、菰（茭白筍）*Zizania latifolia*

台灣斑眼蝶（白條斑蔭蝶）*Penthema formosanum*
野生種

禾本科Poaceae：台灣矢竹*Arumdinaria kunishii*、包籜矢竹*A. usawai*

栽培種

禾本科Poaceae：綠竹*Bambusa oldhamii*、蓬萊竹*B. multiplex*、刺竹*B. stenostachya*、佛竹*B. ventricosa*

作者簡介

徐堉峰

學經歷：

1963年　出生在泥土芬芳的苗栗。

1972年　迷上昆蟲，立志作蟲痴。

1987年　台灣大學植物病蟲害學系學士畢業。

1988年　負笈美國。

1995年　獲美國加州柏克萊大學昆蟲學博士學位，同年返國，並至國立彰化師範大學生物學系，任副教授。

1997年　轉任國立台灣師範大學生物系（現改生命科學系）副教授，同年兼中華蝴蝶保育學會常任理事。

2001年　加兼台中自然科學博物館研究客座。

興趣：蝴蝶系統學、演化、生態、保育。讀史。

自然追蹤
近郊蝴蝶

2004年3月初版　　　　　　　　　　　　　定價：新臺幣380元
有著作權・翻印必究
Printed in Taiwan.

文・攝影　　徐　堉　峰
發 行 人　　劉　國　瑞

出 版 者　　聯 經 出 版 事 業 股 份 有 限 公 司
台 北 市 忠 孝 東 路 四 段 5 5 5 號
台 北 發 行 所 地 址：台北縣汐止市大同路一段367號
　　　　電話：（0 2）2 6 4 1 8 6 6 1
台 北 忠 孝 門 市 地 址：台北市忠孝東路四段561號1-2樓
　　　　電話：（0 2）2 7 6 8 3 7 0 8
台 北 新 生 門 市 地 址：台北市新生南路三段9 4 號
　　　　電話：（0 2）2 3 6 2 0 3 0 8
台 中 門 市 地 址：台 中 市 健 行 路 3 2 1 號
台 中 分 公 司 電 話：（0 4）2 2 3 1 2 0 2 3
高 雄 辦 事 處 地 址：高 雄 市 成 功 一 路 3 6 3 號 B 1
　　　　電話：（0 7）2 4 1 2 8 0 2
郵 政 劃 撥 帳 戶 第 0 1 0 0 5 5 9 - 3 號
郵 撥 電 話：2 6 4 1 8 6 6 2
印 刷 者　　文 鴻 分 色 製 版 ・ 廣 藝 印 製

責任編輯　　黃　惠　鈴
　　　　　　高　玉　梅
校　　對　　黎　　　錦
內頁繪圖　　楊　澄　涓
整體設計　　樊　孝　昀

行政院新聞局出版事業登記證局版臺業字第0130號

本書如有缺頁，破損，倒裝請寄回發行所更換。　　ISBN　957-08-2685-1 (精裝)
聯經網址 http://www.linkingbooks.com.tw
　　信箱 e-mail:linking@udngroup.com

國家圖書館出版品預行編目資料

近郊蝴蝶 / 徐堉峰文・攝影 .--初版 .
　--臺北市：聯經，2004 年（民 93）
　240 面；20×20 公分 .（自然追蹤）

　ISBN　957-08-2685-1(精裝)

　1.蝴蝶-台灣

387.793　　　　　　　　　　　93002091